요아마미 쿠킹클래스
요리 레시피

요아마미 쿠킹클래스
요리 레시피

요아마미 쿠킹클래스
요리 레시피

요아마미 쿠킹클래스 **요리 레시피**

초판 인쇄 2014년 2월 2일
초판 발행 2014년 2월 7일
2쇄 발행 2014년 2월 14일

지은이 김호정
일러스트 이선희
펴낸이 진수진
펴낸곳 레몬톡

주소 경기도 고양시 일산동구 중산동 1682번지
출판등록 2013년 5월 30일 제2013-000078호
전화 031-926-7696
팩스 031-926-7697
홈페이지 www.haeminbooks.com

ISBN 979-11-85254-60-9   13590

정가 14,000원

요아마미 쿠킹클래스 요리 레시피

김호정 지음

레몬톡

요즘 책 작업을 하면서, 5년 전 처음 책 작업을 하던 때가 많이 생각납니다.

그때는 아무것도 모르고, 내 이름으로 된 책을 출판하게 된다는 설렘과 열정만으로 하루하루 몸은 힘들고 지쳤지만 마음만은 행복감과 기대감으로 한껏 들떠 있었지요.

하지만 책이 세상에 나오게 되자 만족스러움보다는 더 알차고 더 멋지게 책을 만들 걸 하는 후회가 더 많았습니다.

이제 저는 제 인생의 여섯 번째 책을 준비합니다. 제 책을 만나게 될 여러분들의 기대에 부응하려니 자꾸 요리에 힘이 들어갑니다.

더 맛있게 보이려 안 넣어도 될 것을 넣으려 하고, 더 특별한 요리로 보이려 어려운 식재료를 선택하고.

제가 원래 하던 방식대로가 아닌, 꾸미고 덧붙이고, 레시피를 바꿔 가며 더욱 특별하게 만들려다 보니 머리와 몸에 병이 났습니다.

전문적인 자격증 하나 없이, 내가 요리선생 자격이 있나 하는 스스로에 대한 자격지심으로 제 자신을 더 과장되게 꾸민 건 아닌가 하는 생각이 들더군요.

하지만 내가 가진 장점은 이름난 요리선생님께 배운 똑 떨어진 레시피만을 가르치는 것이 아닌, 내가 처음으로 혼자 요리를 시작할 때 느끼고 배우고 깨달았던 것을 좀더 쉽고 즐겁게 가르치면서 함께 더 신나고 맛있게 요리하는 것이라는 생각을 했습니다.

요리 사진촬영이나 테이블 스타일링 또한 전문가에게 맡기지 않고 저 스스로 해내려니 심적으로 많이 부담이 되고 신경이 쓰이더군요.

기본이 되는 레시피에 대한 충실한 설명보다 요리의 담음새, 그릇 등 보이는 것에 온통 신경을 쓰고 있는 저를 보았습니다.

화려한 일품요리보다 정갈하게 맛을 낸 밑반찬, 국, 찌개.

저녁 식탁에 무엇을 올려야 할지 매일 고민하는 주부들에게 필요한 것은 바로 이렇게 기본에 충실한 메뉴라는 것을 알게 되었습니다.

이 책은 봄·여름·가을·겨울, 사계절 메뉴를 모두 담았습니다. 제철 식재료를 이용하여 한식·일식·중식·동남아식으로 콘셉트를 달리하여 가족을 위한 일상적인 식탁, 특별한 날 손님초대에도 손색이 없도록 메뉴를 구성했습니다.

또한 누가 봐도 멋지게 스타일링된 요리사진이나 과정 컷 대신, 저의 십여 년 요리 수업의 소박하지만 살아 있는 생생한 노하우를 레시피에 넘치도록 담았습니다.

제가 알려드리는 이 책의 요리들이 부디 여러분의 식탁에서 많은 사람들의 애정과 감탄, 사랑과 칭찬을 듬뿍 받으며 여러분만의 특별한 레시피가 되길 바랍니다.

ps

일주일에 서너 번씩 병원을 전전하며 주사를 맞고, 처방받은 약을 먹고 물리치료를 받아도 그렇게 낫지 않던 목과 어깨의 통증은, 가족들과 함께한 6박 7일 동안의 여행을 통해 완전히 사라졌습니다.

여행지에서도 집밥을 해 먹이며, 역시나 "엄마 요리가 최고야!", "당신 요리가 나에겐 힐링이야!"라고 온가족이 엄지손가락을 치켜 올리며 진심을 다해 칭찬해주니 그 고질병도 말끔히 사라졌나 봅니다.

저 또한 눈으로 즐기는 요리가 아닌 가족을 위한 요리를 준비하면서 제 몸과 마음이 어떤 때보다도 평화로워지고 건강해지고 있음을 느꼈습니다. 힐링이 별게 아니더라고요.

special Thanks to

일 년이라는 길다면 긴 시간 동안 저의 여섯 번째 책이 세상에 나올 수 있도록 늘 저를 지지해 주신 레몬톡 출판사 대표님 고맙습니다.
항상 너무 바빠 못 챙겨 주는 엄마를 늘 먼저 이해해 주고 사랑해 주는 나의 완이, 요아, 욜, 너무 고맙고 항상 사랑해.

살인적인 더위에도 불구하고 스태프로 도와준 글로리아. 미숙. 은호. 매 수업 진심 어린 감탄과 찬사로 나의 열정과 에너지를 모두 쏟게 해주는 요리 수업의 제자님들께도 감사 인사를 전하고 싶네요.

봄 요리

38

퓨전메뉴

와인안주 메뉴

샌드위치 메뉴

봄나들이 메뉴

여름 요리

70

가을 요리

102

PART 04

겨울 요리

138

겨울 한식

겨울 양식

겨울 중식

겨울 일식

레시피만큼 중요한 계량 방법 가이드

저에게 계량이란 레시피만큼이나 중요한 것 중 하나입니다.
어제 했던 요리가 너무 맛있어, 오늘 또 했는데 어제랑은 맛이 다른 건 아마도
계량의 차이 때문일 거예요. 같은 맛을 내는 데 가장 중요한 핵심은 바로 계량입니다.

주위에 가까운 지인이나 친구, 회사 동료가 결혼을 한다고 해요. 결혼을 축하해 주고
축복해 주는 것도 잠시, 결혼 선물은 무엇으로 할까? 게다가 부담되지 않는 결혼 선물
이 고민된다면, 저는 주저 없이 계량스푼, 계량컵, 전자저울 3종 세트를 권하고 싶어요.

거기에 요아마미 요리책도 함께 선물한다면, 아마 오랫동안 두고두고 감사 인사를 받
지 않을까요?

그럼 이 책에 나와 있는 요아마미의 계량법을 알려 드릴게요.

✳ 계량에 대한 중요한 팁 한 가지 ✳

이 책에 나와 있는 모든 요리들은 100% 계량스푼과 계량컵으로 요리되었습니다. 십년이
라는 시간 동안 요리 수업을 해오고 있는 저는 수강생들이 집에 돌아가서도 제가 가르친
그 맛을 그대로 낼 수 있기를 바라는 마음으로 첫 수업시간에 계량스푼과 계량컵을 선물
합니다.

아직은 요리 초보이거나, 매번 음식의 간이 다른 분들. 요리책 레시피 그대로 했는데도 음
식 맛이 짜다, 싱겁다, 달다 하시는 분들은 아마도 계량이 제대로 되지 않아서일 거예요.
정확하게 계량하는 법부터 배우고, 이 과정이 익숙해지면 계량스푼이나 계량컵 대신 밥숟
가락이나 종이컵 등을 이용해도 양에 대한 감이 생겨 좀더 쉽게 요리할 수 있답니다.

계량도구들은 가격대도 저렴한 편이니, 반드시 구매하셔서 앞으로는 매번 달라지는 간이
아닌, 간을 따로 보지 않아도 신기하게 간이 딱 맞아 더욱 요리가 즐거워지는 그런 시간들
이 되길 바랄게요.

계량스푼

계량스푼은 크게 1큰술과 1작은술로 분류됩니다. 가루로 된 것은 먼저 스푼으로 가득 담아 젓가락 또는 손으로 흔들어 윗면을 평평하게 깎아 계량하면 됩니다. 장류는 굳이 깎아 내지 마시고 살짝 봉긋하게 담으셔도 괜찮아요. 액체류는 액체가 살짝 몇 방울 정도는 떨어져도 괜찮으니 계량스푼 그득하게 담으면 됩니다.

1큰술 = 15m ℓ, 1작은술 = 5m ℓ

 밥숟가락 계량도 알려드려요

가족여행을 가거나 갑자기 내 부엌이 아닌 다른 장소에서 요리를 해야 할 경우 계량스푼도 컵도 없는데 어떡하지? 이럴 때 대신 할 수 있는 방법을 알려 드릴게요. 일반적인 밥숟가락으로는 가루로 된 것이나 장류는 좀더 넉넉히 담으면 되고요. 액체류는 한 숟가락 가득히 담으면 10~12㎖ 정도 되니까 이런 경우 조금 더 추가하면 됩니다.

계량컵

계량컵은 기본 200㎖로 된 것을 구매하여 사용하면 됩니다. 저는 개인적으로 불투명한 것보다는 투명한 계량컵을 선호하는 편이에요. 정확하게 200㎖가 들어가면 좋은데 80㎖, 100㎖, 150㎖ 등이 들어가는 계량컵은 컵이 불투명할 경우 눈대중으로 모자란 양을 추가해야 하니까요.

2ℓ를 계량하기 위해 200㎖ 계량컵으로 10컵을 넣어

야 하고, 중간 정도 숫자를 세다가 갑자기 전화가 오거나 누군가 말을 걸면 어느 정도 넣었는지 잊어버리는 안타까운 경우가 종종 있답니다. 그래서 저는 아예 1ℓ, 2ℓ짜리 계량용기를 구매해서 사용하고 있어요. 화학조미료를 쓰지 않는 저는 직접 육수를 내어 사용하는 요리가 많아 생수 2ℓ~4ℓ 정도를 자주 계량하기 때문에 이때 이 큰 계량컵이 아주 유용하답니다.

1컵 = 200mℓ = 200cc

 계량컵이 없으시면 이런 방법을 써보세요

요즘 마트에 가면 투명한 플라스틱 컵을 판매한답니다. 일반 종이컵의 계량이 200mℓ 인데요, 종이컵을 사용하고 나면 한번 사용 후 버려야 하잖아요. 오랫동안 두고두고 쓸 수 있는 일반 종이컵 사이즈와 동일한 투명 플라스틱 컵을 이용하면 한번 쓰고 버리지 않아도 되니 환경도 생각할 수 있어 더욱 좋은 것 같아요.
네임펜으로 컵 중간 100mℓ 위치에 표시를 해 두면 요리하기에 더욱 편하답니다.

저울

저는 항상 정확한 계량을 위해 주방 한쪽에 저울을 두고 요리를 시작합니다. 스프링이 달린 저울 중에 컬러와 디자인이 예쁜 것들이 많지만, 사용하기에는 전자저울이 더욱 실용적이어서 이걸 더 권해 드리고 싶어요. 전자저울을 사용하면 한 치의 오차도 없는 계량이 가능해요. 그릇을 올리고 다시 0을 맞추어 계량하면 식재료의 종류에 상관없이 편리하게 무게를 잴 수 있거든요.

1. 양념을 만들 때 가루 종류의 약간이란 도대체 얼마의 양인가요?

너무 소량이라 계량하기도 힘든 약간이라는 양은 1~5g 정도의 양으로, 엄지와 검지로 부드럽게 잡은 정도를 말합니다.

2. 양념소스와 드레싱의 차이는?

제 책에 나와 있는 밑양념소스는 식재료를 버무려 주거나, 재워 두는 경우에 사용하는 용어입니다. 드레싱은 샐러드를 먹기 전 그 위에 뿌려서 사용하는 것을 말합니다.

3. 통후추의 알갱이와 간 후추는 어떻게 다르게 쓰이나요?

보통 육수에 들어가는 통후추는 알갱이 그대로 1큰술, 1작은술을 사용합니다. 드레싱이나 소스 또는 요리 위에 토핑으로 올라가는 경우엔 통후추 그라인더로 후추를 갈아서 넣어 주면 됩니다.

4. 소금 중에 천일염과 일반 소금은 어떻게 요리에 쓰이나요?

제 책에 들어간 소금은 레시피 자체에 용어가 다르게 사용되었습니다. 천일염은 오이를 씻거나 식재료의 표면을 닦을 때 사용하고, 채소를 데칠 때 더욱 선명한 색을 내기 위해 사용합니다. 채소를 절이거나 생선, 고기의 밑간을 할 때에도 사용하고요. 육수를 낼 때 육수의 양이 2ℓ가 넘는 경우 일반 소금으로는 간을 맞추기가 어렵습니다. 이런 경우 천일염으로 간을 맞추면 훨씬 수월하게 간을 맞출 수 있어요. 일반 소금은 구운 소금으로 일반적인 양념을 만들 때 모두 사용합니다.

채소 계량법

대개 주부님들이 채소를 구매할 경우, 마트나 백화점에서 대부분 계량되어 소포장된 것을 구매하시잖아요. 겉포장에 표시되어 있는 무게를 보고 요리책 재료의 분량과 맞추어 사용하면 됩니다. 그러나 가족 수가 단출하거나 요리에 자신이 없는 요리 초보님들 또는 맞벌이 주부님들께서는 마트에서 큰 묶음 단위로 판매하는 채소를 구매하는 것이 낭비일 수 있어요.

요리책에서 특별히 요리하고자 마음먹은 메뉴를 정하고 장을 볼 경우 채소의 대략적인 무게를 알고 낱개로 구매하면 재료가 남거나 따로 활용하지 못해 결국 버리게 되는 낭패를 막을 수 있답니다.

예를 들어 재료에 당근 100g이라고 표시되어 있다면 당근 몇 개를 구매해야 할까요?

100g이라는 무게에 대한 감을 알려 드릴게요.
여러분께서 오이 또는 당근, 감자 등 마트에서 낱개로 담아 살 수 있는 채소를 예로 설명해 드릴게요.

오이는 당연히 구부러지지 않고 표면이 싱싱해 보이는 것으로 골라 주세요. 대부분 오이 한 개의 무게는 200~230g입니다. 그러므로 오이 100g이면 오이 반 개 정도의 양으로 계산하시면 돼요.

당근은 너무 크지도 너무 작지도 않은 중간 크기의 흙당근으로 골라 주세요. 중간 크기 당근의 무게는 300~350g 사이입니다. 당근을 ⅓로 자르면 당근 100g의 무게를 가늠할 수 있어요.

감자는 홈이 많이 파여져 있지 않은 중간 크기의 감자를 골라 주세요. 감자 1개의 무게는 대략 110~130g 정도이고, 껍질을 깎은 감자 1개의 무게는 100g 정도입니다.

낱개로 구매할 수 없는 단 묶음으로 판매하는 쪽파의 경우, 쪽파를 손으로 잡아 엄지와 검지 한 마디까지 닿는 양이 바로 100g입니다. 굳이 쪽파를 개수로 세어 본다면 20개 정도 된답니다.

요리 수업 중에 수강생 여러분들이 가장 많이 궁금해 하는 것이 바로, "선생님, 오이나 단호박은 어떤 걸 구매해야 맛있나요?", "좋은 채소를 구매하는 노하우 좀 알려주세요!"입니다.

그럴 때마다 저는 이렇게 말씀드려요.

오이, 당근, 시금치, 양파, 쪽파, 배추, 무, 도라지 등 채소들이 얼마나 많은데 그걸 일일이 하나하나 구매할 때마다 크기별로 골라내고 색의 선명도를 보고 손으로 눌러보고 냄새까지 맡아 구매하는 건 무리라고요.

제가 하나하나 다 말씀드려도 본인 스스로 직접 경험한 것이 아니다 보니 어차피 다 헷갈리기도 하고 잊어버리게 되죠.

사실 기본적으로 가장 중요한 것은 구매하는 채소가 제철 채소인지 아닌지입니다.

마트나 시장에 갔을 때 유난히 눈에 많이 띄는 채소가 있다면 그게 바로 제철 채소라고 생각하시면 돼요.

제철 채소 위주로 고르되, 크기가 너무 크거나 작은 것보다는 중간 크기로 고르시고 흙에서 캐낸 것은 흙이 그대로 묻어 있는 것으로 구매하세요.

채소의 색은 희미한 것보다는 선명도가 높은 것, 겉면이 마르지 않고 싱싱해 보이는 것, 모양이 심하게 구부러진 것보다는 쭉 곧게 뻗은 것, 표면에 상처가 없고 윤기가 흐르면서 매끄러운 것, 채소 고유의 향이 나는 것 등 요리 초보라도 육안으로 보았을 때 싱싱한 것으로 선택하셔도 무리는 없습니다.

레시피만큼 중요한 조리도구 가이드

여자들이라면 대부분 그릇이나 주방도구들에 많은 관심이 있잖아요.
알록달록 컬러감의 조화가 예쁘고 디자인이 시크한 조리도구들로 요리하면
왜 요리하는 시간이 더 즐겁게 느껴지는지 모르겠어요.

요리의 즐거움과 함께 좀더 편안하게 요리할 수 있어 가족건강까지 책임지고 있는 조리도구들. 그래서 저는 신선하고 안전한 식재료 선택 다음으로 현명하게 선택해야 할 것이 바로 조리도구라고 생각해요.

그럼 제가 항상 곁에 두고 부지런히 사용하고 있는 조리도구들을 알려 드릴게요.

나무 도마(히노키 도마)

강수량이 많은 일본 고유 수종인 히노키, 즉 편백나무라 불리는 이 나무는 향이 그윽하고 견고성이 우수하여 고급 가구에도 사용되지만 유명 셰프들이 애용하는 도마에도 사용된다고 해요.
히노키의 피톤치드 성분이 항균 작용에도 효과가 있어 생선이나 육류 등의 잡냄새 제거에도 효과가 있어 도마의 소재로도 많이 이용된다고 해요. 여름철에도 식재료가 쉽게 상하는 것을 방지해 준답니다. 사용 후에는 100℃ 이상의 뜨거운 물로 소독한 다음, 햇빛에 바짝 말려 보관하세요.

스테인리스 냄비

저는 요리선생을 업으로 삼고 있다 보니, 다양한 종류의 많은 냄비들을 사용해 볼 기회가 많았어요. 실제로 여러 종류의 냄비를 많이 소장하고 있기도 해요. 그중에서도 가장 쉽고 편리하게 애용하고 있는 것은 바로 스테인리스 냄비랍니다.

저는 주로 샐러드마스터(Saladmaster) 제품을 사용하는데요, 이 제품은 가격대가 고가이기는 하지만 요리를 하는 저에게 단 한 번도 실망을 안겨 준 적이 없는 완소 제품이라 과감히 소개해 드려요.

기본7중 제품이라 육수를 낼 때 가장 유용한데요, 주로 육수를 베이스로 사용하는 요리가 많은 저에게는 완소 제품이라고 할 수 있답니다.

샐러드마스터가 더욱 진가를 발휘할 때는 바로 튀김요리를 할 때입니다. 아주 소량의 기름만으로도 맛있게 바삭한 튀김요리가 가능하거든요. 물론 가격대가 고가이기는 하지만 영구적으로 사용이 가능한 제품이라 실패 없는 요리, 건강한 요리를 원하는 분들에게 꼭 권해 드리고 싶어요.

판매처_ 서울시 강남구 도곡동 452-5 1층 / **전화_** 02) 541-8911

무쇠솥과 주물 냄비

중앙박물관 과학기술사 연구팀의 조사에 따르면 무쇠솥으로 지은 밥이 다른 용기에 밥을 지었을 때보다 색깔이나 윤기, 냄새나 찰기 등이 월등히 뛰어나다고 해요. 이것은 불과 가까운 부분은 두껍게, 또 먼 쪽은 좀더 얇게 만들어 솥 전체에 열이 골고루 전달되게 하는 무쇠솥의 특징 때문이라고 하네요.

하지만 이런 장점 대신 무쇠솥은 길을 들여 사용해야 하고, 일반 주부님들이 사용할 때 손목에 무리를 많이 준다는 단점이 있어요.

그래서 저는 무쇠솥 기능을 고루 갖춘 르 쿠르제 제품과 스타우브 제품을 주로 사용하는데요, 사용해본 분들은 아시겠지만 주물 제품은 요리의 온도를 오랜 시간 유지시켜 주기 때문에 그릇대용으로 식탁 위에 바로 올려 사용할 수 있어 자주 애용한답니다.
요즘에는 컬러풀한 다양한 색감의 주물

제품들이 많이 출시되어, 식탁을 한결 더 돋보이게 할 수 있을 것 같아요.

르쿠르제 청담부티크_ 서울시 강남구 청담동 63-12번지 사과반쪽 빌딩 1층
전화_ 02)3444-4841~2

밀폐용기

주위에서 아기를 키우는 엄마들이 아기젖병으로 유리 제품을 선호하는 것을 보면, 유리 소재가 얼마나 안전한 소재인지 알 수 있지요. 뜨거운 액체를 담거나 가열했을 때 환경호르몬이 다량 검출된다고 알려진 플라스틱 제품 대신 유리 또는 도자기 소재로 된 밀폐용기 제품을 사용해야 하는 것도 바로 이 때문입니다.
요즘에는 뜨거운 메뉴를 바로 담아도 유해 물질이 검출될 염려가 없는 비스프리 제품이나 신소재로 만들어진 제품들이 많이 판매되고 있더라고요. 무거운 유리가 부담스러운 분들은 이런 제품을 사용하는 것도 좋을 것 같네요.

주방칼

저는 모든 요리에 항상 컷코(CUTCO) 칼을 사용한답니다. 녹을 방지하는 것으로 알려

진 최상의 원료 고탄소 스테인리스 스틸로 만들
어진 컷코는 인체공학적인 디자인으로 설계되
어 장시간 사용해도 손목과 어깨에 무리가 가지
않는다는 것이 가장 큰 장점이에요.
단품으로도 구매가 가능하지만, 저는 한국적인
요리에 사용하기 좋게 완벽 구성된 한국형 풀세
트를 권해 드립니다.
한국 공식판매사인 ㈜ 컷코 코리아를 통해 구매
할 경우 영구적으로 A/S 및 품질보증을 받을 수
있다는 점 또한 커다란 장점인 것 같아요.

판매처_㈜ 컷코 코리아, 서울시 송파구 송파동 58-17 레이크사이드타워 4층

전화_02)595-8220

식재료 밧드, 튀김용 트레이, 소스 볼

이 세 가지 제품은 매일 요리 수업이 있는 저
에게 없어서는 안 될 중요한 필수 도구입니다.
본격적으로 요리를 시작하기 전, 필요한 식재
료를 레시피에 맞게 소분하고 준비하는 과정
은 저에게 매우 중요한 시간입니다.
이때 사용하는 밧드는 무인 양품에서 고가로
구매한 일본 제품들도 있지만, 다이소 제품 등
저렴하게 구매하여 사용하는 제품들도 있답니
다. 가능한 밧드는 크기별로 구색을 맞추어 사
용하면 요리를 할 때 더 유용하답니다. 높이가
약간 있는 제품들이 사용하기에 더욱 편리하
고요. 또한 밧드 안에 채반이 함께 있는 제품들도 매우 유용하니 참고해 주세요.

튀김요리를 할 때 반드시 사용하는 튀김용 트레이와 체는 남대문에서 구매하여 사용하고 있는데요, 제 요리 수업 수강생들이 가장 탐을 내는 제 주방도구 중 하나랍니다. 소스 볼은 유리재질로 되어 내용물이 훤히 다 보이는 제품들부터 자기 제품들까지 다양한 사이즈로 갖춰 놓고 사용하고 있답니다.

푸드프로세서와 핸드블렌더, 믹서

제가 주로 사용하는 주방도구는 바로 푸드프로세서입니다. 그리고 그다음이 바로 핸드블렌더이고요.

준비한 식재료를 곱게 다지거나 손질하기에는 저에게 푸드프로세서만큼 좋은 게 없답니다. 또한 소량의 재료를 다질 때에는 핸드블렌더를 사용한답니다. 수프류를 만들 때에도 블렌더로 재료를 한꺼번에 곱게 갈 수 있어서 편하게 요리할 수 있답니다.

 평소 집에서 자주 손님을 치르는 분, 제사 음식을 자주 장만해야 하는 분들께는 특히나 이 두 가지 제품을 꼭 사용하길 권해 드려요. 요리를 하다 보면 식재료를 다듬고 준비하는 데 사실 많은 시간을 소비하게 되잖아요. 그런데 이런 제품들을 통해 그런 시간을 많이 아낄 수 있거든요.

알뜰주걱과 나무로 된 주걱

요리를 하다 보면 버려지거나 남는 양념들이 없도록 깔끔하고 알뜰하게 재료들을 모아 주는 기능을 똑똑히 하는 제품입니다. 실리콘으로 된 제품들이 많아요.

팬에서 재료를 볶을 때에도 팬에 긁힘이 생기지 않도록 해주고, 팬에 닿을 때에도 다른 제품보다 마찰이 적기 때문에 제가 아주 애용하는 조리도구 중 하나입니다. 제가 사용하고 있는 제품은 르쿠르제를 통해 구매한 제품입니다.

 나무주걱은 크기 및 디자인 별로 다양하게 구매해 사용하고 있는데요, 비교적 가격대

가 저렴한 중국산 제품보다는 유해성분이 전
혀 검출되지 않는, 유기농 매장 제품을 구매
하여 사용하길 권해 드립니다.
나무제품들의 경우 세척 후 물기를 완전히
제거하여 보관해야 오랫동안 사용할 수 있다
는 점 참고해 주세요.

레시피만큼 중요한 육수 내는 법 가이드

화학조미료를 쓰지않는 제가 수업하면서 가장 강조하는 육수 만드는 법이랍니다.
요아마미표 육수만 있다면 맛있는 국물요리 걱정할 필요가 없답니다.

가쓰오부시 육수

일본 요리를 할 때 기본이 되는 육수입니다. 가쓰오부시 육수를 저는 좀 진하게 내서 요리에 쓰는 편이랍니다. 좀 진하다고 생각되면 생수를 넣어 희석해 사용하거나, 여름용 메뉴를 위한 육수로 사용할 경우 얼음을 넣어 사용하면 좋아요.
제가 알려드리는 레시피를 두 배합 또는 세 배합으로 넉넉히 만들어 냉동 보관하여 사용하면 너무 편하답니다.

- **재료** 생수 400㎖, 다시마 4장(4×4 크기), 가쓰오부시 30g

- **육수 내는 법**
  ① 냄비에 생수 400㎖를 담고, 건조 다시마는 행주나 키친페이퍼를 이용하여 표면을 닦은 다음 함께 넣는다.

② 30분 정도 그대로 놔두었다가 불에 올려 가열한다.

③ 물이 끓기 시작하면 다시마는 건져낸다.

④ 바로 가쓰오부시를 넣고 불을 끈 다음 5분 정도 그대로 둔다.

*이때 5분 이상 넘어가면 쓴맛이 나서 육수로 사용하기 힘들어요. 반드시 시간을 지켜 주세요.

⑤ 체에 면 보자기를 올리고 가쓰오를 걸러 맑은 육수만 따로 분리한다.

위의 레시피로 가쓰오부시 육수를 내면 약 250㎖ 정도 육수가 나온답니다. 필요한 양 만큼 계량하셔서 육수로 만들어 쓰시면 돼요.

멸치다시마 육수

• **재료** 국물 멸치 150g~200g(두 줌 정도 넉넉히), 다시마 5~6장(5×5 크기), 생수 4.5ℓ

• **육수 내는 법**

① 통5중 이상 또는 7중 냄비로 준비한다.

② 국물 멸치를 넣고 나무주걱으로 저어 가며 하얀 연기가 날 때까지 멸치를 볶는다.

* 이때 멸치는 태우는 것이 아니라 바싹 볶아 주는 거라고 생각하면 돼요. 그래야 멸치 특유의 비린내와 잡내가 제거되거든요. 단, 멸치를 태우면 육수에서 쓴맛이 나니 유의하세요.

③ 생수를 붓는다.

④ 다시마를 넣은 뒤 뚜껑을 열고 끓기 시작하면서부터 센 불에서 20분 정도 끓이고 (물이 끓기 시작하면서부터의 시간), 중불에서 20분 정도 끓이면 완성!!!

* 냉장고에 자투리 채소(무·양파·대파 등)를 함께 넣고 끓여도 좋아요. 위의 레시피대로 만 들면 멸치다시마 육수가 약 2ℓ~2.5ℓ 정도 만들어집니다.

만약 육수의 양이 위의 양보다 부족하다면 제가 사용하는 냄비보다 여러분의 냄비가 얇았거나 불의 세기가 강해서 더 진하게 육수가 우려진 것이니 반드시!! 뜨거운 물을 육수에 추가하여 2ℓ~2.5ℓ 정도로 육수의 양을 맞춰 주세요.
찬물을 넣을 경우 멸치 비린내가 날 수 있으니 반드시 뜨거운 물을 사용하세요.

닭 육수

- **재료** 중닭 1마리, 양파 1개, 마늘 10개, 통후추 1큰술, 대
  파 흰대 2대, 생강 30g, 생수 4ℓ 넉넉히, 자른 건
  홍고추 2개

- **육수 내는 법**
  ① 닭은 몸통 안까지 흐르는 물에 깨끗이 씻는다.
  ② 꼬리 쪽 기름 부위는 가위로 자른 다음 기타 제시한 재료를 넣는다.
  ③ 생수를 붓고 뚜껑을 열어 센 불에서 1시간 정도 닭을 푹 삶는다. 중간에 닭의 위
     아래를 뒤집는다.
     * 이때 냄비의 두께가 얇으면 뜨거운 물을 보충해가며 육수가 2ℓ 정도 만들어질 수 있도록 끓
        여 주세요.
  ④ 닭이 다 삶아지면 건져서 식혀 주고, 육수는 체에 면 보자기를 깔고 거른다.
     * 건홍고추는 닭 육수에서 날 수 있는 육수의 느끼한 맛을 잡아 주는 역할을 하는데, 약간 매
        운 향과 맛이 날 수 있으니 아이들을 위한 요리에 넣을 경우엔 건홍고추의 양을 조절하여 사
        용하시면 돼요.

레시피만큼 중요한 양념과 소스컷 가이드

수업을 하다보면 제일 많이 하시는 질문이 선생님 레시피대로 했는데 그 맛이 안나요.
무엇이 문제인가요? 감히, 전 양념이 달라서가 아닐까하고 생각합니다.
들어가는 레시피 만큼이나 중요한 양념, 알려드릴게요.

• 참치액

참치액은 모든 요리에서 간단하게 맛을 낼 때 사용하는 제품입니다. 가쓰오부시 특유의 훈연향이 있지만 오래 끓이면 향이 날아가기 때문에 많이 부담스럽지는 않습니다. 주로 간장이나 굴소스 대용으로 사용하며 마트에서 쉽게 구매가 가능합니다.

• 멸치액젓

멸치를 발효시켜 만든 제품으로 주로 김치를 담그거나 한식요리에서 깊은 맛을 내기 위해 사용합니다. 가능하면 유기농 매장에서 구매하기를 권해 드립니다.
구매처: 여성민우회 생협

• 어간장

제가 사용하는 제주어간장은 고유한 전통기법으로 제주에서 어획되는 등푸른 생선과 다시마, 무말랭이, 밀감 등으로 만들어 3년 이상 자연 숙성시켜 만든 발효간장입니다. 국간장 대용으로 사용하며, 무국, 미역국 등에 넣었을 때 일반 국간장보다 훨씬 더 깊은 맛을 냅니다.
구매처: 한살림, 행복중심 생협

• 발사믹 글레이즈

발사믹 식초는 포도로 만든 식초로 검붉은 색을 띠며 일반 식초보다 맛과 향이 풍부한 것이 특징입니다. 이 발사믹 식초를 졸여서 농도를 좀더 진하게 만들어 사용하기 쉽게 만든 것이 발사믹 글레이즈이며, 카프레제 샐러드 등 많은 샐러드의 드레싱으로 사용합니다.

구매처: 대형 마트 또는 백화점 수입식품 코너

• 스파게티 시즈닝믹스

오레가노, 바질, 파슬리, 그린벨페퍼, 고추, 양파, 마늘, 흑후추, 대파 등이 믹스되어 있으며, 스파게티소스 또는 파스타소스를 만들 때 함께 넣어 주면 개운한 소스를 만들 수 있습니다. 치킨 요리 시 닭고기를 시즈닝할 때도 사용이 가능합니다.

구매처: 얌(www.yum.co.kr) 또는 백화점 수입식품 코너

• 코코넛 밀크

야자나무의 열매인 코코넛의 껍질에 붙어 있는 과육에서 뽑아낸 진액을 코코넛 크림 또는 코코넛 밀크라고 합니다. 각종 동남아 요리, 특히 태국 요리에 널리 사용하며 사용 후 반드시 밀봉하여 냉장 보관해야 합니다.

• 타이 레드커리 페이스트

태국의 대표적인 요리인 태국식 카레를 만들 때 사용하는 재료입니다. 타이 칠리와 쉬림프 페이스트 등을 넣은 것으로 간단하게 타이식 카레를 만들 수 있습니다. 그 외에 다양한 소스류를 만들 때에도 유용합니다.

• 고수

독특한 향을 지닌 허브의 일종으로 동남아 요리에 많이 사용합니다. 드레싱이나 소스에 고수잎을 다져 넣으면 입맛을 돋우고 소화를 촉진하는 효과가 있습니다.

구매처: 대형 마트 또는 백화점 채소 코너

• 멍빈누들(녹두 당면)

녹두 녹말로 만들어진 가늘고 얇은 면으로 동남아 요리에 주로 사용합니다

구매처: 얌(www.yum.co.kr) 또는 백화점 수입식품 코너

• 라임

라임은 동남아 요리에 많이 사용하며, 레몬과 마찬가지로 생선비린내 등의 잡내 제거에 효과적입니다. 구매 시 껍질은 너무 물렁하지 않고 단단하며 씨가 거의 없는 것이 좋고 사용 후 신문지에 싸서 냉장 보관하는 것이 좋습니다.

구매처: 대형 마트 또는 백화점 채소 코너

• 안남미

안남미는 전 세계 쌀의 90%를 차지하는 쌀의 대표적인 품종으로 태국쌀, 필리핀쌀, 베트남쌀 등을 모두 안남미라고 합니다. 모양이 길쭉하고 찰기가 없어서 밥알이 분리되는 것이 특징이며, 동남아 요리의 볶음밥은 대개 안남미를 사용합니다.

구매처: 대형 마트 또는 백화점

• 베트남 고추

한국 고추보다 크기가 훨씬 작지만 소량 사용만으로도 매운맛이 강하게 나는 것이 특징입니다.

구매처: 대형 마트 또는 백화점 수입식품 코너

• 피시소스

생선을 발효시켜 만든 제품으로 동남아 요리에 많이 사용합니다. 우리나라에서 사용하는 액젓과 비슷하지만 액젓 특유의 비린내가 적고 훨씬 부드러워 소스나 무침 등에 활용이 가능합니다.

구매처: 대형 마트 또는 백화점 수입식품 코너

• 들깨가루

들깨는 고소한 향만큼 영양도 우수한 식품입니다. 비타민 E가 다량 함유되어 있으며, 들기름의 원료가 되는 들깨를 말려서 가루로 내어 한결 더 고소하고 부드럽습니다. 고구마 줄기 볶음 등을 만들 때 마지막에 넣어 주면 감칠맛이 더해집니다. 사용하고 남은 들깨가루는 반드시 밀봉하여 냉동 보관해야 합니다.

구매처: 유기농 매장 또는 대형 마트

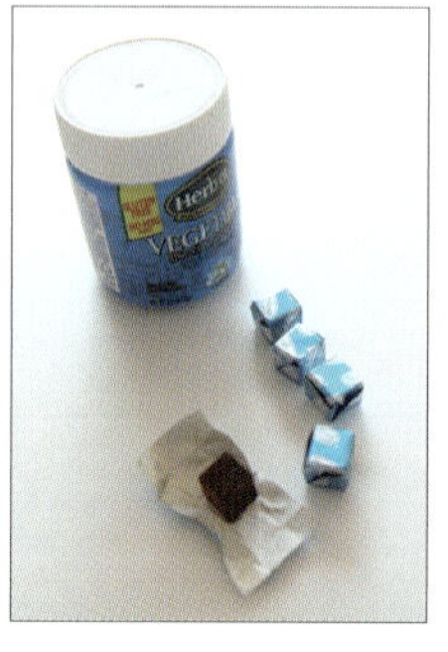

• 채소스톡

양파, 셀러리, 마늘 등을 넣어 만든 육수를 건조시켜 결정화한 것으로 각설탕 모양으로 압축되어 있습니다. 국, 찌개, 수프 등 각종 육수에 사용되며 채소스톡 자체에도 간이 되어 있으니 요리할 때 소금의 양을 조절하는 것이 좋습니다.

구매처: 대형 마트 또는 백화점 수입식품 코너

• 바질 페스토

신선한 바질에 잣, 마늘, 파마산 치즈와 올리브오일을 넣어 만든 것으로 이탈리아 요리에 많이 사용합니다.

구매처: 대형 마트 또는 백화점 수입식품 코너

• 프레시 모차렐라 치즈

프레시 모차렐라 치즈는 카프레제 샐러드 등 애피타이저에 주로 사용하고 숙성시킨 것은 피자나 요리의 토핑용으로 사용합니다.

구매처: 대형 마트 또는 백화점 식품 코너 및 코스트코

• 그라나빠다노 치즈

우유로 만들어지는 치즈로 숙성기간이 매우 긴 것으로 알려져 있습니다. 이탈리아 요리에서 빠지지 않고 사용하는 치즈로 그냥 먹으면 알갱이가 씹히면서 풍미를 느낄 수 있습니다. 가루를 내어 파스타나 그라탕 위에 뿌리는 데 사용하며, 진하지 않은 레드와인, 화이트와인 또는 맥주에 곁들이기 좋습니다.

구매처: 대형 마트 또는 백화점 식품 코너 및 코스트코

• 홀그레인 머스타드(씨겨자)

겨자씨를 거칠게 부수어 식초와 향신료를 첨가해 만든 것이 홀그레인 머스터드이며, 겨자씨가 그대로 들어가 있어 음식에 풍미를 한층 더 살려 줍니다. 그릴에 구운 육류 요리에 곁들여 먹거나, 소스나 드레싱에 많이 사용합니다.

구매처: 대형 마트 또는 백화점 수입식품 코너

• 파르팔레

이탈리아 요리에 사용하는 파스타의 일종으로, 리본 모양으로 된 것이 특징입니다. 크림소스, 토마토소스를 이용한 파스타와 애피타이저인 샐러드 요리 시에도 사용합니다.

구매처: 대형 마트 또는 백화점 수입식품 코너

• 일본 미소된장

일본에서 사용하는 된장으로, 한국의 된장보다 짠맛이 덜하고 발효되지 않아 냄새가 덜한 것이 특징입니다. 미소된장은 오래 끓이면 맛과 향이 줄어들고 영양이 손실되므로 국물을 끓인 후, 된장을 풀어 한소끔만 끓여 사용합니다.

구매처: 대형 마트 또는 백화점 수입식품 코너

• 가쓰오부시

일본 요리에서 널리 쓰이는 식재료로서 가다랑어를 찌고 건조시켜 얇게 저민 것을 가쓰오부시(가다랑어포)라고 합니다. 육수를 낼 때 감칠맛을 더하기 위해 사용하며, 완성된 요리 위에 뿌리는 용도로 사용하기도 합니다.

구매처: 대형 마트 또는 백화점 수입식품 코너

초보 주부님들께서도 처음엔 번거롭더라도 한두 번만 저처럼 하다 보면 사시사철 좋은 식
재료를 구매할 수 있어요. 주부 9단님들께서도 요리선생의 장보기 노하우라고 생각하고 알
아두면 도움이 될 거라 생각해요. 저희 동네 아파트에서는 매주 화요일마다 알뜰시장이 열
려요. 제철 마늘이나 양파, 배추, 무 등 대량으로 구매해야 하는 식재료들은 알뜰시장을 통
해 구매한답니다. 싱싱한 해산물들도 당일 새벽 수산시장에서 바로 가져와 판매하기 때문
에 알뜰시장에서 주로 구매하는 편이에요.

고기류는 반드시 동네 정육점을 이용하여 구매한답니다. 단골 정육점을 이용하고 있기 때
문에 좋은 고기를 구매할 수 있는 것은 당연하고요. 덤으로 양도 푸짐하게 주시고, 손질도
원하는 대로 해주시기 때문에 편하게 질 좋은 고기를 구매할 수 있답니다.

제 요리의 가장 기본이 되는 한식 재료들은 대부분 유기농 매장에서 구매를 하는데요, 특히
곡류와 두부, 밀가루와 달걀, 소금과 고추장, 김, 어간장, 참기름, 들기름 등은 반드시 유기
농 매장에서 구매하여 사용하고 있습니다.

저는 강원도에서 태어나 서울로 오기 전까지 다른 지방에 가서 밥을 먹을 기회가 많지 않았
어요. 처음 서울에 와서 된장찌개를 먹어보았는데 깜짝 놀랐답니다. 된장의 색이 노랗더라
고요. 저는 노란 된장을 처음 먹어보았어요. 그 맛은 왠지 제가 늘 먹던 된장찌개보다 맛이
훨씬 가볍고 국 같은 느낌이 강했어요.
제 입맛에는 맞지 않아 서울에서 자취를 하던 그때부터 줄곧 저는 강원도 강릉식 막장을 집
에서 가져다 먹고 있답니다.

지금은 강릉 초당에서 막장을 주문하여 제 요리 수업에도 쓰고 있고요. 수강생 분들께서도
막장으로 요리된 것을 처음 드셔 보신 분들이 어릴 적 할머니께서 끓여 주시던 된장찌개 맛
이라며 고향의 맛, 추억의 맛이라고 많이들 좋아한답니다.

국내산 고춧가루는 전라도 청양에서 직접 주문하여 사용하고 있어요. 그 외에 건어물은 주
문진에서 주문하여 사용하고 있습니다. 외국 식재료나 소스, 양념류 등은 코스트코를 이용
하거나 인터넷쇼핑몰을 통해 구매하고 있어요. 저장이 가능한 것들은 한꺼번에 여유 있게
구매하여 사용하고 있고요.

채소류나 고기류 등은 그때그때 바로 구매하여 사용하는 편입니다. 가장 신경 쓰는 부분은

장을 보러 가기 전에 냉장고와 양념 수납장에서 필요한 식재료의 유무와 양을 체크하여 낭비가 없도록 하는 거예요.

기존의 식재료들로 필요한 식재료를 대체하는 것도 주부의 몫이라고 생각하거든요.

밖에서 사 먹는 먹거리에 대해 오히려 더 불안해하는 요즘, 건강하고 안전한 먹거리를 준비하기 위해 단순히 재료를 친환경이나 유기농으로 바꾼다고 모든 것이 해결된다고 생각하지는 않아요.

좀더 신선한 재료를 구매하기 위한 번거로움도 기꺼이 감수하고 자연의 생명이 담긴 싱싱한 먹거리에 만드는 사람의 정성 한 스푼까지 더해진다면 모두가 더없이 행복하게 즐길 수 있는 요리가 되지 않을까요?

저 또한 엄마의 마음, 요리선생의 마음으로 여러분께 좀더 건강한 요리를 선물하도록 할게요.

• 건어물구매처

다시마, 국물 멸치, 반건조 오징어, 건새우, 자연산 미역 등 질 좋은 건해산물을 구매할 수 있어요.

소돌 건어물직매장
주소_ 강원도 강릉시 주문진읍 주문리 312-457 9리 6반
전화번호_ 033) 661-7150

• 유기농 식재료 구매처

일반 곡류, 두부, 김, 유정란, 소금(천일염, 볶은 소금), 어간장, 고추장, 참기름, 들기름 등과 제철 채소 및 과일류는 유기농 매장을 통해 구매한답니다.

저는 오프라인 매장을 이용하는 편인데요, 인터넷으로 조합원 가입을 하고 이용하면 더욱 편리하답니다.

행복중심 여성민우회생협, 한살림, 초록마을, 올가 등
생협매장_ 덕양매장 031) 938-9774
　　　　　마두매장 031) 902-3774

• 남대문 그릇 도매상가

제가 수업에서 사용하는 그릇 대부분은 화이트 톤이에요. 화이트 톤의 그릇이 요리를 더욱 돋보이게 하는 경우가 많거든요. 수강생 분들도 많이들 궁금해 하시는 저의 단골 그릇 가게를 소개해 드릴게요.

제가 요리 수업 때 사용하는 화이트 톤의 그릇들 대부분 그리고 여러 가지 주방도구들(전동 후추갈이, 전골냄비 등) 모두 이곳에서 구매할 수 있어요. 소매나 낱개로도 구매가 가능하지만, 대부분 도매로 판매하는 곳이라 낱개로 구매할 경우 다소 비싸게 느껴질 수도 있다는 점 참고해주세요. 그런 점만 감안한다면 여러 가지 다양한 디자인의 그릇들을 구매할 수 있답니다.

주소_ 서울특별시 중구 남창동 33D 3층
전화번호_ 02) 771-4868 (H.P 017-206-7860, 김명종 사장님을 찾으세요)

• 이천 사기막골 도예촌

한식 요리나 일식 요리로 수업할 때는 주로 도자기 그릇들로 테이블 세팅을 한답니다. 경기도 이천까지 가야 한다는 수고스러움이 있지만, 인터넷으로 구매하는 경우 그릇을 직접 보고 느끼며 구매한 것과는 달리 컬러나 재질, 크기 등이 차이가 나는 경우가 많더라고요.

그래서 저는 주말 특강이 없는 날로 골라 일부러 이천까지 그릇을 사러 가곤 한답니다. 주로 유명한 작가님의 작품보다는 생활자기를 구매하는 편이에요. 가격도 저렴한 편이어서 저도 부담 없이 사용하고 있답니다.

전화번호_ 현대공예 031)635-2114

PART 01

봄 요리

온통 푸른 기운으로 가득한 봄

때가 되면 누가 시키지 않아도 싹을 틔우고

꽃망울을 틔워 만물이 소생하고 있음을 일깨워 주는 봄입니다.

어릴 적 시골에서 캐 먹던 쑥이며 달래,

냉이들은 그저 보글보글 된장찌개에 한 줌 넣어

한소끔 끓이기만 해도 그 맛이 일품이었지요.

꽁꽁 얼어붙어 있던 땅을 뚫고 나와

푸른 기운이 가득한 세상 만물들이 식재료이다 보니,

보약이 따로 필요 없는 훌륭한 밥상이 뚝딱 차려집니다.

그럼 향긋한 봄 내음이 가득한 봄나물도 다듬어,

겨우내 움츠려 있던 우리 가족에게 생명의 기운을 듬뿍 담아

봄 요리를 시작해 볼까요?

그릴드치킨 샐러드와 오렌지 드레싱

봄이면 그 어떤 계절보다 샐러드가 가장 먼저 생각나요. 봄이라 그런지 평소에는 즐기지도 않던 새콤달콤한 과일이 떠오르기도 하구요. 그래서 그릴드치킨 샐러드는 봄에 더욱 어울리는 샐러드 랍니다. 샐러드 한 그릇에 봄을 가득 담았으니 봄 향기가 입안에 온통 퍼질 거예요.

닭가슴살 밑간

닭가슴살	300g
양파즙	2큰술
올리브오일	2큰술
소금	약간
후춧가루	약간
(나중에 구울 때 버터 1큰술)	

채소

양상추	½통
어린잎 샐러드	50g
블랙올리브	8개
방울토마토	5개
삶은 달걀	2개
슬라이스 오렌지과육	¼개

오렌지 드레싱

오렌지원액	100㎖
식초	2큰술
올리브오일	4큰술
설탕	1큰술
레몬즙	1큰술
다진 양파	1작은술
다진 오렌지과육	¼개
소금	약간

1 닭가슴살은 물에 씻은 뒤 물기를 제거하고 한쪽으로 칼집을 깊숙이 넣은 뒤 밑간 양념에 20분 정도 재운다.

2 양상추는 한입 크기로 뜯어서 물에 깨끗이 씻고 어린잎도 씻은 뒤 물기를 제거하고 일회용 비닐봉지에 담아 김치냉장고에 넣어 차갑게 준비해 놓는다.

3 달걀은 완숙으로 삶고 방울토마토는 반으로 갈라 준비한다. 블랙올리브도 링 모양을 살려 반으로 잘라 준비한다.

4 분량의 재료들을 넣고 오렌지 드레싱을 만든다.

5 그릴 팬에 버터를 두르고 중약불에서 닭가슴살이 속까지 익도록 굽는다. 다 구워지면 어슷하고 길쭉하게 자른다.
  - 일반 프라이팬에 구우셔도 좋아요.

6 접시에 채소와 달걀, 블랙올리브를 담고 구운 닭가슴살을 올리고 먹기 직전에 오렌지 드레싱을 뿌린다.
  - 드레싱을 미리 뿌리지 마세요. 먹기 직전에 바로 뿌리거나 드레싱의 양을 조절할 수 있도록 드레싱을 따로 준비하세요.
  - 제가 준비한 재료들을 모두 넣지 않아도 괜찮아요. 냉장고에 있는 채소와 평소에 즐겨 먹는 과일을 넣어 입맛에 맞게 만들어 드세요.

모둠 뿌리채소 카레튀김

건강하게 본연의 맛으로만 즐기던 뿌리채소들에 이번엔 색다르게 노란 카레가루를 넣어 봄기운을 불어넣어 봤어요. 우엉의 향, 달콤한 고구마와 단호박, 양파, 당근 모두 봄기운을 가득 품어 풍미 가득한 봄 요리가 될 거예요.

우엉	⅓토막
호박고구마	½개
양파	⅓개
당근	½개
단호박	¼개
감자	½개

튀김옷

시판 튀김가루	5큰술
감자녹말	3큰술
카레가루	1큰술(넉넉히)
물	100㎖
얼음	4조각
소금	약간

튀김기름	4컵(넉넉히)

(*카놀라유, 포도씨유 좋아요.)

1 우엉은 솔을 이용해 껍질 부분을 깨끗이 닦는다.

2 호박고구마와 당근도 껍질째 솔로 씻고 단호박과 양파, 감자는 껍질을 벗긴다.

3 채소들은 모두 길이와 두께가 비슷하게 채 썰어 놓는다.

4 볼에 채 썬 채소들을 담고 튀김가루와 감자녹말과 카레가루를 넣고 젓가락을 이용해서 먼저 섞는다.

5 얼음물을 넣고 젓가락을 이용해 위아래를 섞어 살짝 수분기가 돌 정도로만 튀김옷을 입힌다.

6 널찍한 팬에 기름을 넉넉히 두르고 계량스푼에 한 큰술씩 뜬 다음 젓가락으로 집어 기름에 넣고 채소들이 익을 때까지 중불에서 노릇하게 튀긴다.

• 튀김옷을 두껍게 입히지 않아 채소 고유의 맛을 그대로 느낄 수 있는 튀김입니다.

• 얼음물을 넣어야 튀김옷이 바삭하게 튀겨지고, 혼합녹말이나 고구마녹말 말고 100% 감자녹말로 해야 바삭하답니다.

• 카레가루를 넣으면 영양상으로도 색감으로도 맛으로도 더욱 풍미가 좋아진답니다.

꽃게 두반장찜

제철에 먹는 꽃게는 어떻게 먹어도 다 맛있지요. 살짝 매콤하면서도 달콤하게 색다른 느낌으로
만들어 본 메뉴에요. 아이들도 참 좋아하지만 손님상에 일품 요리로 내놓아도 전혀 손색이 없는
메뉴라 많은 분들에게 사랑받을 거예요.

꽃게 두반장찜

꽃게	4마리
포도씨오일	2큰술
청양고추	3개
홍고추	3개
파	1대
녹말물	
(녹말가루 1큰술 + 물 2큰술)	

양념장

두반장	2큰술
간장	2큰술
청주	2큰술
고춧가루	1큰술
설탕	2큰술
생강즙	2큰술
올리고당	2큰술
다진 마늘	1큰술
후춧가루	약간
마지막에 참기름	2큰술
정수물	200㎖

1 양념장을 먼저 만든다.

2 청홍고추와 파는 어슷 썬다.

3 꽃게는 반드시 싱싱한 것으로 구매한 뒤 손질을 하고 적당한 크기로 토막을 쳐 준비한다.

4 볼에 꽃게를 담고 채소를 넣고 포도씨오일을 뿌려 5분 정도 재웠다가 찜양념장을 부은 뒤 10분 정도 재운다.

5 냄비에 양념장에 재운 꽃게를 넣고 뚜껑을 닫은 뒤 약한 불에서 졸인다. 어느 정도 꽃게가 익고 국물이 졸여지면 녹말물을 부어 소스 농도를 맞추고 참기름을 넣고 조금만 더 졸여서 완성한다.

- 아이들과 함께 먹는다면 고춧가루를 양념에서 빼고 요리하세요. 두반장도 살짝 매운맛이 나긴 합니다.

- 생강은 다진 것을 넣지 말고 즙을 넣도록 하세요. 양념에 밥을 비벼 먹는다면 생강 다진 것이 과하게 느껴질 수 있어요.

- 혹시 먹다 남은 거 데워 먹으면 첫맛보다 덜할 수 있으니 한 끼에 다 먹을 수 있도록 양을 조절하세요.

미역 오징어만두 된장전골

늘 즐겨 먹던 고기만두 대신 해물을 넣어 깔끔하게 맛을 낸 만두에요. 아마도 여러분만의 특별한 만두 레시피가 되지 않을까요? 육수 대신 된장을 풀어 구수하게 끓인 국물에 해물 만두를 넣어 드셔 보세요. 특별하고 놀라운 맛에 다들 깜짝 놀라실 거예요.

만두피	12장

만두소

오징어	½마리
두부	¼모
불린 미역	30g
다진 마늘	1작은술
다진 파	1작은술
간장	1작은술
깨소금	1작은술
참기름	1작은술
소금	약간
후춧가루	약간

심심한 멸치다시마 육수

	6컵(넉넉히)
불린 미역	한 줌(60g)
강원도 막장	1큰술
재래된장	1큰술
청양고추	2개
바지락	100g
꽃게집게다리	6~8개

1 오징어는 내장을 제거하고 깨끗이 씻은 뒤 한입 크기로 썰고, 미역은 불린 뒤 손으로 주물러 씻고 잘게 썬 다음 모두 커터기에 넣고 곱게 간다.

2 두부를 으깬 뒤 1의 간 오징어와 미역과 함께 양념도 넣어 만두소를 만든다.

3 만두국에 들어갈 모양을 만든다(꼭 사진처럼 만들지 않아도 좋아요).

4 전골냄비에 육수를 붓고 바지락과 게다리를 넣는다. 끓으면 강원도 막장과 재래된장을 푼 다음 미역, 만두, 청양고추를 넣는다.

5 테이블에 전골냄비를 올려놓고 끓이면서 만두가 다 익어 떠오르면 먹는다.

• 해물이 들어간 만두라 냉동했다가 먹으면 맛이 별로예요. 먹을 만큼만 바로바로 만들어서 드세요.

• 멸치다시마 육수에 된장과 막장이 들어가 간이 강한 편이에요. 거기다 끓이면서 먹는 거라 더 간이 강해질 거예요. 간이 강하면 육수를 더 붓지 말고 뜨거운 물을 부어서 간 조절하세요.

• 일반 시판 된장보다는 집된장, 재래된장으로 해야 제맛이 나는 국물요리입니다. 집된장이 대부분 간이 강하니까 간 조절을 입맛에 맞게 하셔야 해요.

와인안주 메뉴

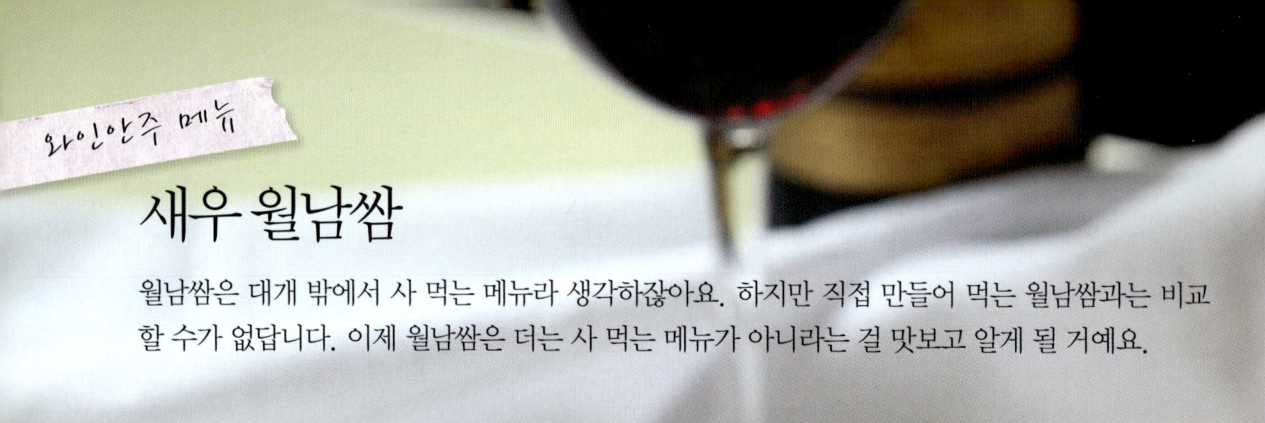

새우 월남쌈

월남쌈은 대개 밖에서 사 먹는 메뉴라 생각하잖아요. 하지만 직접 만들어 먹는 월남쌈과는 비교할 수가 없답니다. 이제 월남쌈은 더는 사 먹는 메뉴가 아니라는 걸 맛보고 알게 될 거예요.

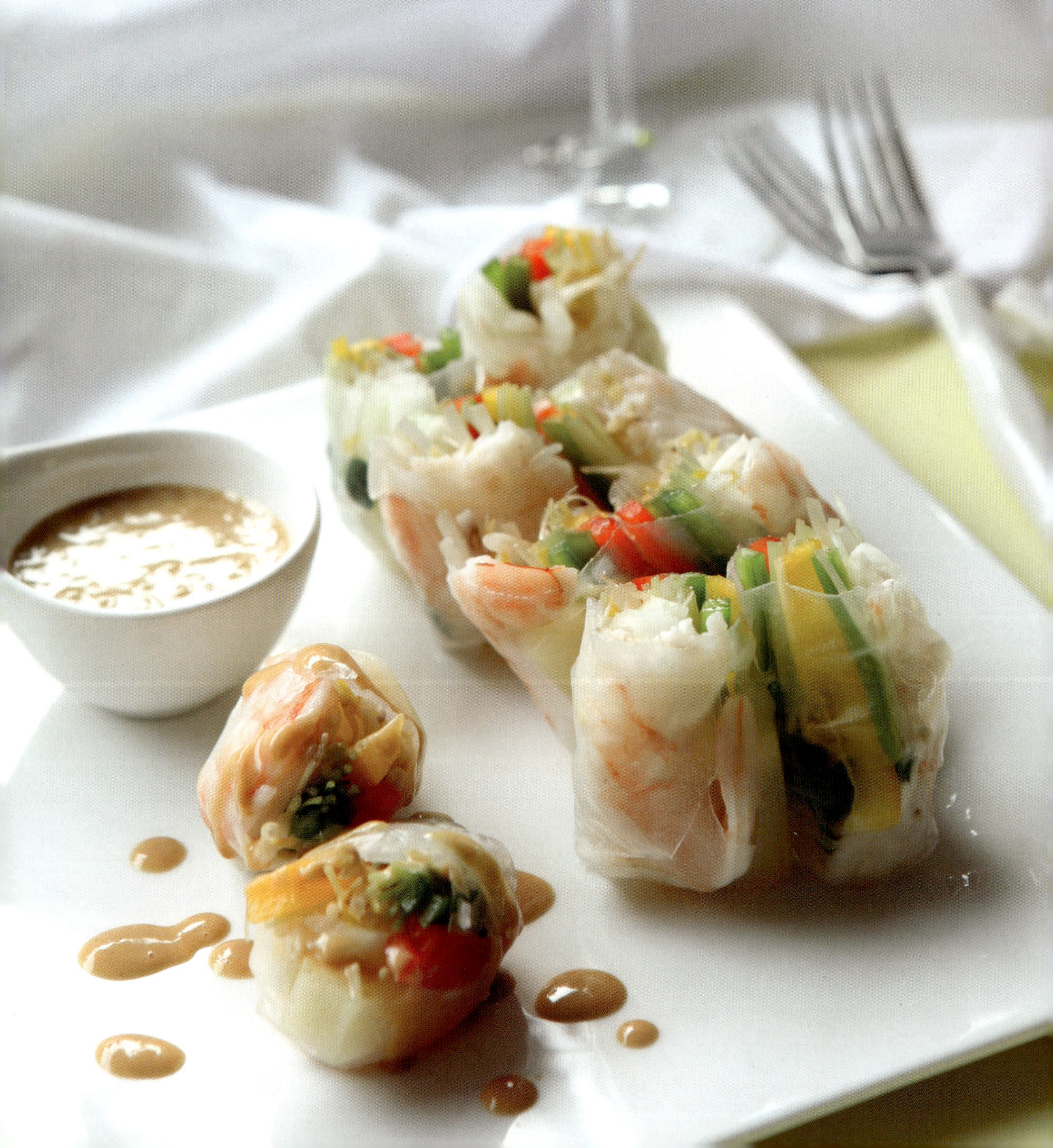

손질된 중하새우	10마리
무순	½팩
양파	1개(중간 크기)
빨강 파프리카	1개
노랑 파프리카	1개
청피망	1개
숙주	한 줌
파인애플 후레쉬	2조각
*라이스페이퍼와 미지근 물 준비	

땅콩소스

땅콩잼	2큰술
양파 절여 둔 단촛물	50㎖
간장	1작은술
연겨자	1작은술
꿀	1작은술
마요네즈	1작은술

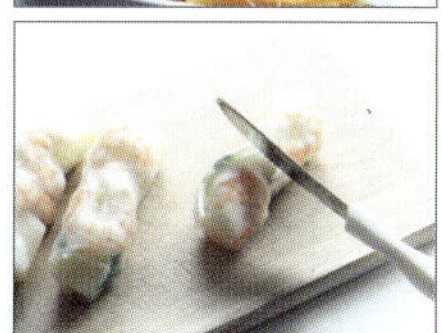

1 양파는 0.3cm 두께로 채 썬 뒤 식초 6큰술, 황설탕 3큰술, 소금 1작은술, 물 200㎖ 를 넣고 잘 녹인 단촛물에 최소한 2시간 정도 담가서 절여 놓는다.

2 다 손질되어 파는 생새우는 해동한 뒤 레몬즙을 넣은 물에 약 30초 정도 데쳐서 차게 식힌 다음 반으로 저며서 준비한다.
   · 냉동 새우는 2분 이상 데쳐야 익는답니다.

3 채소들은 깨끗하게 씻어서 비슷한 길이와 두께로 채 썰어 놓는다.

4 라이스페이퍼는 먹기 직전에 살짝 뜨거운 물에 약 3초 정도 담가서 꺼내 접시에 올리고 잠시 놔두어 물기가 전부 퍼져서 촉촉해지도록 한다.

5 재료들을 조금씩 올려서 잘 감싼 다음 가운데 부분을 잘라 이등분한 뒤 땅콩소스에 찍어 먹는다.
   · 중하새우라 반 저며 썰지 않고 그대로 넣으면 너무 두꺼워져요. 반으로 저며 넣고 채소를 듬뿍 넣어 드세요.
   · 해물보다는 고기를 좋아하는 분들께서는 쇠고기나 닭고기, 돼지고기의 삼겹살을 구워서 곁들여도 맛있어요. 입맛에 따라 재료를 다양하게 바꿔 가며 해 드세요.
   · 생숙주가 부담스러우면 버미셀리를 넣어 드셔도 좋아요.

찹스테이크

찹스테이크하면 뭐가 제일 떠오르세요? 저는 이상하게 맥주집 안주가 제일 먼저 생각나요. 부드러운 쇠고기의 육즙과 알록달록 보기만 해도 싱그러운 파프리카, 피망이 어우러진 맛! 부드러운 핫도그번 안에 넣어서 버거로 드셔도 별미랍니다.

쇠고기 안심	600g
양송이버섯	6개
피망	3개
양파	1개
버터	2큰술

재움 양념(1시간 정도 재운다)

올리브오일	4큰술
레드와인	2큰술
소금	1작은술
통후추	약간
오레가노	1큰술

<u>소스</u>

불스스테이크소스	5큰술
발사믹 식초	4큰술
레드와인	3큰술

1 쇠고기는 핏물을 제거한 후 깍둑썰기로 썬다.

2 재움 양념에 재워서 적어도 1시간 정도는 꼭 밑간을 한다.

3 채소와 버섯은 한입 크기로 좀 크다 싶게 썰어서 준비한다.

4 소스는 미리 만들어서 간을 취향에 따라 맞춘다.

5 팬을 뜨겁게 달군 후 버터를 2큰술 정도 듬뿍 올려서 녹여 팬을 완전히 코팅한다. 고기를 넣고 뒤적이지 말고 앞뒤로 완전히 익힌 다음 다른 그릇에 잠시 덜어 놓는다.

6 고기를 구웠던 팬에 양파와 버섯, 채소를 넣고 센 불에서 윤기 나게 볶은 다음 불을 끈다.

7 스테인리스 팬에 소스를 넣고 바글바글 끓이면서 졸이다가 고기를 넣는다. 고기와 같이 볶다가 볶아 두었던 채소를 넣고 마지막에 통후추를 넉넉히 뿌려 완성한다.

• 간을 보고 모자라는 간은 소금으로 하세요.

• 접시 외에 스테이크 철판을 뜨겁게 준비해서 사용하면 더욱 맛있게 드실 수 있어요.

냉이 봉골레 스파게티

파스타 중 가장 손쉽게 만들 수 있는 게 바로 봉골레 파스타가 아닐까요? 쫄깃한 조개의 풍미 때문에 누구나 좋아하는 것 같아요. 누구나 좋아하는 봉골레 파스타에 봄향 가득한 냉이를 넣어 드시면 느끼한 것 꺼리는 어른들에게도 그만이랍니다.

냉이	50g
모시조개	100g
마늘	4개
청양고추	2개
파르팔레	120g
올리브오일	2큰술
버터	1큰술
화이트와인	50㎖

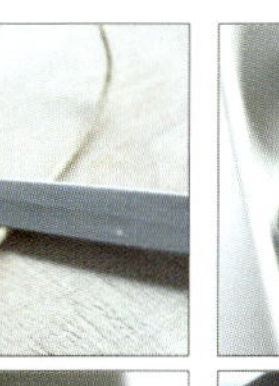

1 냉이는 잎과 뿌리 사이의 흙을 긁어내며 손질한 뒤 물에 30분 정도 충분히 담갔다가 깨끗이 헹군다.
 • 냉이 잎 사이사이에 있는 흙은 물에 불려야만 잘 떨어져요.

2 물기 뺀 냉이는 1cm 길이로 자른다.

3 모시조개는 해감 되어 있는 봉지에 담긴 것으로 구매한 다음 깨끗이 씻어서 물기를 뺀다.

4 마늘은 편으로 썰고 청양고추는 송송 썬다.

5 팬에 올리브오일을 두르고 마늘과 고추를 넣고 볶는다.

6 모시조개도 넣고 볶은 다음, 화이트와인을 넣고 센 불에서 향을 날려 가며 볶는다.

7 잘라 두었던 냉이를 넣고 뚜껑을 닫고 조개가 입을 벌릴 때까지 한소끔 끓인다.

8 파르팔레는 끓는 물에 천일염을 1작은술 넣고 10분 정도 푹 삶아 준비한다.

9 8의 팬에 삶아 두었던 파르팔레를 넣는다. 파르팔레를 삶은 물도 1컵 정도 같이 넣고 잘 섞은 다음 소금으로 간을 맞추고 후추를 뿌려 완성한다.
 • 냉이가 들어가서 아이들보다는 어른들 취향이랍니다.
 • 파르팔레의 살짝 딱딱한 식감이 부담스럽다면 일반 스파게티 면으로 하셔도 좋습니다.

한우 불고기 호밀 샌드위치

한 끼 식사보다 더 든든한 샌드위치에요. 한우 불고기 양념은 어디든 활용하기 너무 좋아요. 맛이 담백하기 때문에 어른들도 편하게 즐길 수 있답니다.

호밀빵	4장
오이	½개
양파	½개
살라노바 상추	6장
발사믹 글레이즈	약간

샌드위치 스프레드

마요네즈	2큰술
씨겨자	1작은술
꿀	1작은술

불고기 양념

불고기감 쇠고기	100g
간장	1큰술
황설탕	1작은술
다진 마늘	1작은술
다진 파	1작은술
후춧가루	약간
올리고당	1큰술
참기름	1큰술

1 쇠고기는 불고기감으로 준비해서 키친타월로 눌러 핏물을 제거한 뒤 제시한 양념을 넣고 30분 정도 재운다.

2 상추는 씻어서 물기를 제거하고 오이는 필러를 이용해 얇게 썬다.

3 양파는 동그랗게 모양을 살려 썬 뒤 얼음물에 담가 매운맛을 빼고 아삭하게 만들어 놓는다.

4 호밀빵은 그릴 팬에 앞뒤로 그릴 자국 나게 구운 다음 스프레드를 안쪽 면에 모두 다 바른다.

5 양념에 재워 두었던 고기는 수분기 없이 바삭하게 굽는다.

6 호밀빵-상추-불고기-오이-양파-발사믹 글레이즈 순으로 뿌려 나머지 호밀빵으로 덮어 완성한다.

• 빵은 일반 식빵도 상관없지만 곡물류가 듬뿍 들어간 빵으로 만들면 훨씬 고소하면서도 담백한 맛을 느낄 수 있답니다.

• 쇠고기가 주인공인 샌드위치라 고기의 질이 샌드위치의 맛을 좌우합니다. 질 좋은 고기를 구매하셔서 만들어 보세요.

발사믹 글레이즈

가지 시금치 버섯 오픈브레드

너무나 건강한 식재료로 만든 샌드위치라 맛이 걱정이시라고요? 세 가지 채소가 어우러진 맛은 의외로 기막히게 잘 어울린답니다. 발사믹 드레싱은 어떤 샐러드에도 무난하게 잘 어울린다는 것 꼭 기억하세요!

가지	½개
시금치(포항초)	100g
느타리버섯	100g
체다치즈	4장
소금	약간
통후추	약간
올리브오일	약간
버터	약간
곡물 바게트 준비	

발사믹 드레싱

올리브오일	3큰술
발사믹 식초	2큰술
다진 마늘	1작은술
황설탕	1큰술
바질가루	1작은술
씨겨자	1큰술

1 가지는 어슷하게 길게 잘라 소금, 후추로 살짝 재운다. 올리브오일을 솔에 묻혀 그릴 팬에 바르고 그릴 자국이 나게 굽는다.

2 시금치는 깨끗이 손질하여 천일염 1작은술 넣은 팔팔 끓는 물에 아주 살짝만 데친 뒤 물기를 짠다. 물기를 짠 시금치를 송송 썬 뒤 버터 1작은술을 두른 팬에 살짝 볶고 소금, 후추로 간을 한다.

• 포항초가 나오는 계절엔 무조건 포항초를 구해서 요리하세요. 포항초가 시금치보다 훨씬 달고 맛있어요.

3 느타리버섯은 가닥가닥 뜯는다. 팬을 달군 후 올리브오일을 두르고 소금, 후추로 간을 살짝만 해서 센 불에서 볶는다.

• 새송이버섯도 어울려요. 모양대로 자른 뒤 팬에 구워 소금 간을 해서 올려주세요.

4 재료를 모두 준비해 놓은 후, 곡물 바게트를 두께 1cm 정도 잘라 팬에 굽는다. 구운 바게트에 반 자른 치즈를 올리고 가지랑 버섯, 시금치랑 올리고 그 위에 소스를 살짝 뿌려 완성한다.

• 발사믹 드레싱은 소스 볼에 따로 담아 먹기 직전에 뿌리세요.

• 건강한 식재료들이 듬뿍 들어간 웰빙 샌드위치입니다. 따끈하게 먹어야 더욱 맛있고, 채소들의 수분 때문에 테이크아웃으로는 안 어울려요.

크루아상 연어 샌드위치

연어는 아이들보다는 어른들이 즐겨 먹지요. 연어 샐러드가 지겨워졌다면 크루아상에 곁들여 샌드위치로 즐겨 보세요. 색감이 너무 예뻐 어떤 간단한 상차림에도 무난하게 잘 어울린답니다.

크루아상	2개
훈제 슬라이스 연어	6장
어린잎 샐러드	두 줌
애호박	½개
토마토	1개
양파	½개
발사믹 글레이즈	약간

스프레드

마요네즈	2큰술
씨겨자	1작은술
머스터드	1작은술
꿀	1작은술

연어드레싱

올리브오일	3큰술
다진 피망	1작은술
다진 빨강 파프리카	1작은술
다진 양파	1큰술
식초	1큰술
레몬즙	1큰술
소금	약간
후추	약간
설탕	1큰술
간장	1작은술

1 훈제 연어 드레싱을 미리 만들어서 드레싱에 연어를 재운다.

2 어린잎도 얼음물에 담갔다가 물기를 빼서 준비하고, 양파도 모양 살려 썰어서 찬물에 담가 물기를 빼서 준비한다.

3 애호박은 동그랗게 살짝 도톰하게 썰어 아무것도 두르지 않은 그릴 팬에 구운 다음 소금 간만 살짝 한다.

4 토마토는 슬라이스한 다음 키친타월로 눌러 수분을 제거한다.

5 크루아상은 반으로 가른 뒤 스프레드를 듬뿍 바른다.

6 빵 안에 먼저 어린잎을 듬뿍 넣은 뒤 토마토, 애호박을 올리고 발사믹 글레이즈를 애호박 위에 골고루 뿌린다.

7 애호박 위에 양파를 올리고 드레싱에 재워 두었던 연어와 나머지 빵을 올려 완성한다.

• 연어드레싱은 연어에 듬뿍 배도록 미리 밑간해 놓는데, 냉장고에 넣어 두면 더욱 간이 깊게 배어서 맛이 좋아요.

• 드레싱은 연어샐러드에 곁들여도 좋답니다.

• 스프레드를 넉넉히 발라주어야 더욱 맛있어요.

에그 포테이토 UFO 샌드위치

아이들에게 너무나도 사랑받는 메뉴에요. 샌드위치에 꼭 넣지 않아도 어디에나 활용하기 너무나
좋은 에그 샐러드이고요.

샌드위치용 식빵	6개

에그 포테이토딥

삶은 달걀	2개
감자	3개(중간 크기/350g)
오이	1개
옥수수캔	½캔
마요네즈	4큰술(듬뿍)
씨겨자	1큰술
소금	약간
후추	약간
설탕	2큰술
생크림 요거트	1큰술

1 달걀은 완숙으로 삶아 준비한다.

2 감자는 껍질을 벗기고 깍둑썰기한 다음 찬물에 2번 정도 헹군 뒤 냄비에 담는다. 천일염 1작은술을 넣고 감자가 살짝 잠길 정도로 물을 붓고 삶아 물기 없이 포슬포슬하게 으깨어 준비한다.

3 오이는 천일염으로 닦아 씻은 후 얇고 동그랗게 썰어 천일염 1작은술을 뿌려 약 10분 정도 절인다. 그다음 물에 한번 헹군 뒤 면 보자기에 넣고 물기를 짜서 준비한다.

4 옥수수는 체에 밭쳐 뜨거운 물을 끼얹은 다음 손으로 짜 수분기를 제거한다.

5 달걀은 잘게 다지고 나머지 준비한 재료들을 모두 넣고 제시한 양념들을 넣고 섞는다.

6 식빵을 도마 위에 올려 밀대로 납작하게 민다.
　• 안 그러면 나중에 컵으로 눌렀을 때 빵 결이 갈라진답니다.

7 눌러 준 빵 위에 에그 포테이토딥을 1큰술 듬뿍 올려 나머지 빵으로 덮은 뒤 동그란 컵으로 눌러 모양대로 테두리 빵과 분리한다.

8 아무것도 두르지 않은 팬을 달군 후 앞뒤로 노릇하게 구워 완성한다.
　• 에그 포테이토딥에 생크림 요거트가 들어가 새콤하면서도 부드러운 맛이 좋습니다. 새콤한 맛이 싫다면 안 넣으셔도 좋아요.
　• 빵이 부드러워야 동그란 모양을 만들 때 빵이 찢어지지 않아요. 미리 구워서 만들면 UFO 모양으로 만들 수가 없어요.

멸치 김밥(6줄)

마요네즈가 듬뿍 들어간 참치 김밥이나 치즈 김밥처럼 느끼한 걸 싫어하시는 분들. 짭조름하면서도 매콤하고 고소한 멸치의 맛 때문에, 아이들보다는 어른들에게 조금 더 사랑받는답니다.

단무지	6개
시금치	½단(80g)
맛살	3줄(반 가르기)
달걀지단	4개(6줄)
햄	6개
당근	1개
지리용 멸치	한 줌(80g)
김밥용 김	6장
밥	6공기

멸치 양념

찹쌀 고추장	1큰술
간장	1큰술
고춧가루	1작은술
황설탕	1큰술
다진 마늘	1작은술
미림	1큰술
올리고당	2큰술
참기름	1큰술
물	2큰술

1 단무지는 물에 한번 헹군 후 면 보자기로 짜 물기를 완전히 제거한다.

2 시금치는 천일염 1작은술 넣은 물에 데친 후 찬물에 헹군다. 물기를 꽉 짠 후 소금 ½작은술, 다진 마늘 1작은술, 다진 파 1큰술, 깨소금 1작은술, 참기름 1큰술을 넣고 조물조물 무쳐 팬에 살짝만 볶아서 식힌다.

3 맛살과 햄은 김밥에 넣을 모양으로 자른 후 기름기 없는 팬에 볶아서 식힌다.

4 달걀은 다른 채소들처럼 두께를 맞춰야 모양이 예쁘게 보이므로 양을 넉넉히 넣어서 두껍게 지진다.

5 멸치는 잔 멸치로 준비한다. 아무것도 두르지 않은 팬에 한번 바삭하게 볶은 후 잠시 덜어 놓는다. 팬에 제시한 양념을 넣고 보글보글 끓으면 멸치를 넣고 섞어 가며 바짝 졸여 완성한다.

6 당근은 채 썰어서 팬에 기름을 두르고 볶은 후 소금 간을 한다.

7 구운 김을 준비한 다음 도마 위에 올려놓고 밥을 한 줌 올린다. 밥을 김의 끝 부분까지 얇게 펴 주고, 단 끝 부분엔 밥 양이 좀 적다 싶게 펴 주어야 한다.

8 준비한 재료들을 보색으로 연결하면서 올린 후 손으로 힘을 살짝 주면서 말아 주고 잘 드는 칼로 너무 두껍지 않게 잘라 완성한다.

• 김밥을 썰기 전에 칼은 꼭 한번 칼갈이에 갈아 준비해 놓으세요.

• 당근과 시금치를 꼭 넣어야 김밥 자체가 맛이 좋답니다. 햄 대신 고기를 넣거나 우엉을 직접 졸여 넣으면 더욱 맛난 김밥이 된답니다.

• 멸치 김밥용 밥은 밥에 통깨와 참기름만 넣고 비벼 주세요. 멸치의 기본 간이 짭조름해서 강한 편이고 고추장 양념까지 가미되어 있어서 밥까지 간을 하면 더욱 짜져요.

참치 깻잎 손말이 김밥(10개)

어느 집이나 비상용으로 준비된 참치 통조림이 있을 거예요. 깻잎의 향긋함이 참치의 비릿한 맛과 느끼함도 잡아줄 수 있으니 꼭 활용해 보세요.

참치캔	2개
깻잎	20장
김밥용 구운 김	3장
밥	4공기

양념

마요네즈	6큰술
후추	약간
다진 양파	3큰술

1 밥은 고슬고슬하게 지어 준비한 다음 통깨와 참기름, 소금 간을 살짝 해서 준비한다.

2 참치는 체에 밭쳐 가능하면 기름기를 완전히 제거한 다음 제시한 양념을 넣고 섞는다.

3 깻잎은 흐르는 물에 깨끗이 씻은 후 물기를 제거하고 반으로 자른다.

4 김밥용 김은 4등분 한다.

5 김 위에 밥, 깻잎, 참치 속을 순서대로 올린 다음 돌돌 만 뒤 가운데 부분을 잘라 완성한다.
  • 깻잎을 사진처럼 2장을 서로 반대 방향으로 놓아주세요.
  • 너무 힘을 주어 세게 말면 참치소가 밖으로 다 삐져나오니까 살살 말아주세요.

봄나들이 메뉴

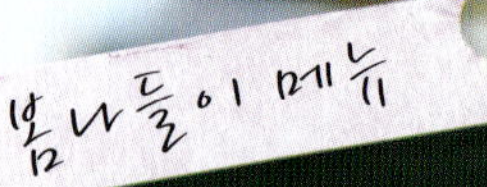

채소 주먹밥전

아이들에게 너무나도 사랑받는 메뉴에요. 하나씩 집어 먹다 보면 어른들도 자꾸만 손이 가는 그런 메뉴이고요. 쉽게 구할 수 있는 식재료들로 만들 수 있는 메뉴이니 꼭 활용해 보세요.

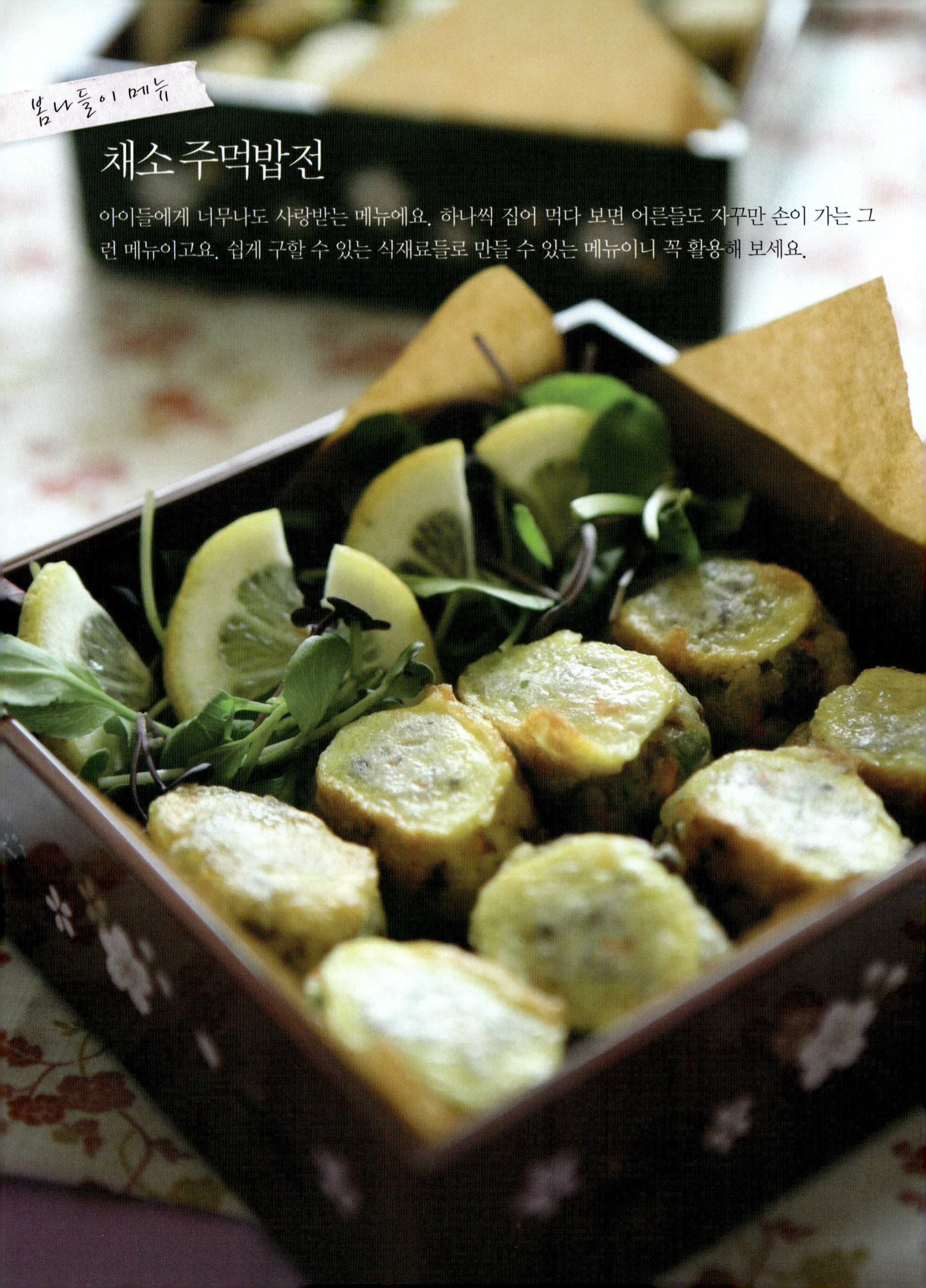

청피망	2개
양파	½개
간 쇠고기	200g
당근	1/3개
(볶을 때 포도씨오일과 소금)	
밥	3공기
버터	1큰술
달걀	2개
밀가루	1컵

쇠고기 재움 양념

간장	2큰술
황설탕	1큰술 반
참기름	1큰술
다진 마늘	1작은술
다진 파	1큰술
후추	약간
맛술	2큰술

1 채소들은 모두 잘게 다진다. 쇠고기는 핏물을 제거하고 분량의 양념에 재워 놓는다.

2 채소들은 모두 따로따로 팬에 볶아서 이때 소금 간을 조금씩 꼭 해 준 다음 밥을 담은 볼에 넣는다.

3 고기도 수분 없이 바싹 볶아서 다 같이 넣는다. 볶은 재료들과 밥을 섞고 버터를 1큰술 정도 넣는다.

4 간을 봐서 약간 간간하게 맞춘다. 일회용 장갑을 끼고 밥을 달걀보다 살짝 작은 크기와 모양으로 뭉친다.

5 밀가루–달걀물(소금 간을 살짝 하세요) 순으로 묻힌 뒤 팬에 기름을 두르고 굴러가며 지진다.

• 간을 간간하게 해야 드실 때 느끼하지 않아요.

• 일회용 장갑을 끼고 해야 모양 잡기가 편하답니다. 처음에 모양 잡을 때 단단하게 잡아 주어야 나중에 달걀물 묻혔을 때 밥이 부스러지지 않아요.

• 차게 먹어도 맛이 좋으니까 나들이 메뉴로 강추입니다.

봄나들이 메뉴

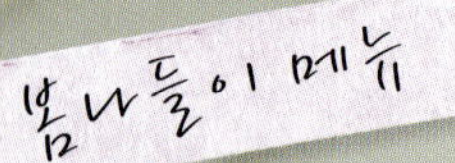

두 가지 스타일 닭봉 오븐구이

요즘 치맥이 한참 인기지요? 나들이에서도 캔맥주 한 잔은 빠질 수 없잖아요. 두 가지 스타일의 닭봉 요리도 이젠 빼놓을 수 없는 메뉴가 될 거예요.

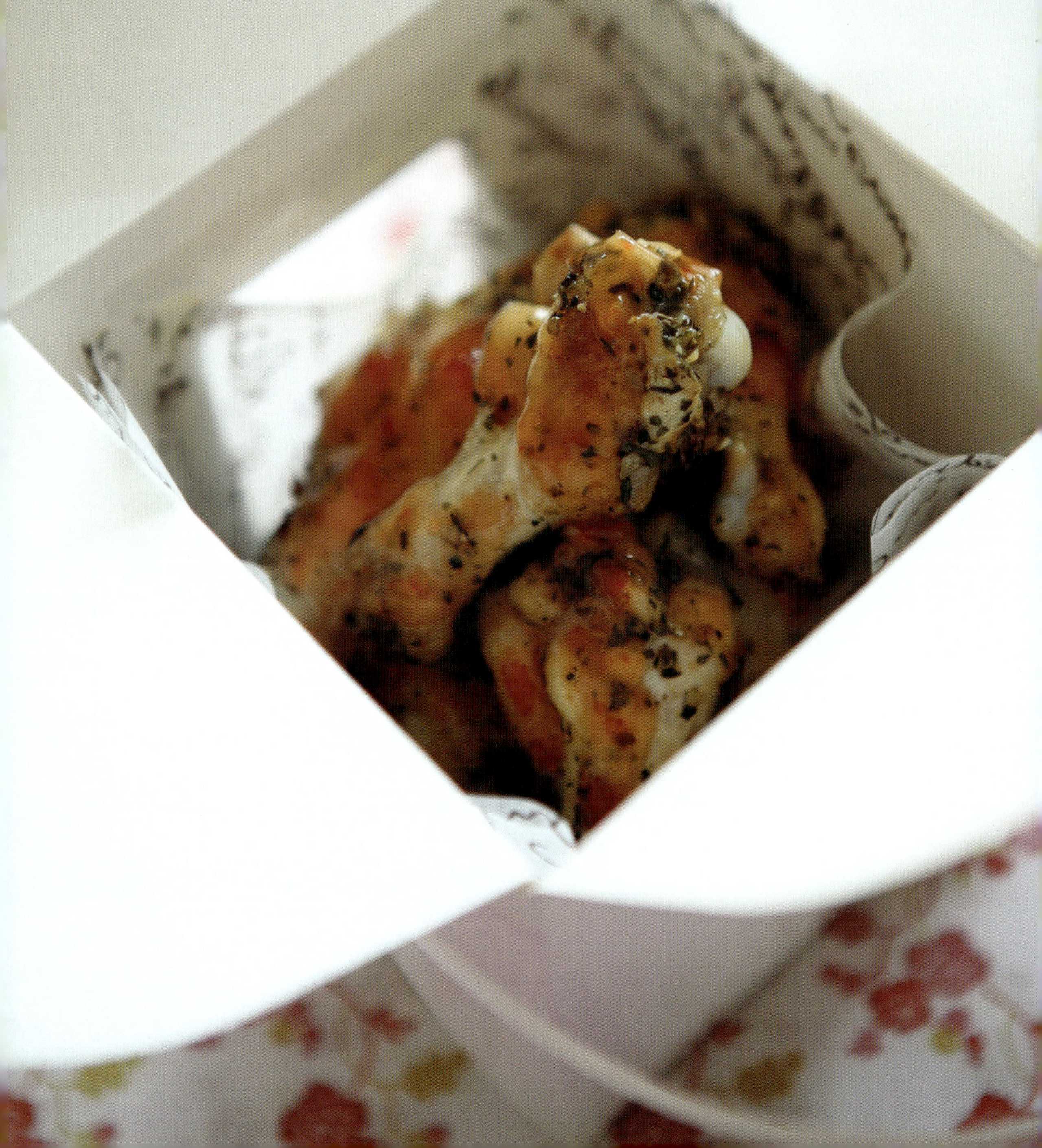

닭봉	12조각
허브솔트	1작은술

각각 재움 양념

우유	200mℓ
간 통후추	약간
오레가노가루	1큰술

A. 스파이시 오일 맛 12조각
양념

올리브오일	5큰술
다진 마늘	1큰술
스파게티시즈닝	2큰술
통후추	약간

B. 카레 씨겨자 맛 12조각
양념

말랑한 버터	3큰술
씨겨자	1큰술
카레가루	1큰술
다진 마늘	1큰술
통후추	약간

A

B

1 닭봉은 물에 깨끗이 씻은 뒤 물기를 빼고 재움 양념에 20분 정도 재워 놓는다.

2 A, B 양념도 만든다.

3 재움 양념에서 꺼낸 닭봉은 물에 헹군 뒤 물기를 제거하고 허브솔트를 골고루 뿌려서 간을 한다.

4 간을 먼저 한 닭에다 양념을 넣고 냉장고에 30분 정도 숙성을 시킨다.

5 오븐랙 위에 닭봉을 올린 후 180℃에서 20분 정도 구운 뒤, 뒤로 뒤집어서 20분 정도 더 구워 완성한다.
- 스파게티시즈닝에 매운 건고추가 들어가 매콤한 맛입니다.
- 스윗칠리소스에 찍어 드시면 더욱 맛있어요.

PART 02

여름 요리

한여름의 뜨거운 태양 때문에 밤잠을 설치고, 입안은 계속 까끌까끌하고….

매일매일 가만히만 있어도 땀이 쭉쭉 흐르는 날씨에요.

하지만 이 뜨거운 여름이 있기에

우리의 식탁이 더욱 풍성해질 수 있는 게 아닐까요?

아마 또 시원한 바람이 불어오는 가을이 찾아오면,

우리는 또 이 뜨거웠던 계절을 그리워하게 될 거예요.

이 무더운 여름,

더위에 지치지 않고 이 여름을 이겨내기 위해서는

몸에서 당기는 찬 음식보다는 성질이 따뜻하지만

시원하게 즐길 수 있는 요리들이 우리 몸에 더 잘 맞는답니다.

그래서 무더운 여름에 잃어버린 입맛을 찾을 수 있는

요리들로 메뉴를 구성해 보았어요.

감자 오이 샐러드(1접시)

저 어릴 때는 생일이나 중요한 날엔 꼭 이렇게 감자 샐러드를 만들어 먹었어요. 감자 샐러드라는 말보다는 감자 사라다라는 말이 더 친근한 그런 샐러드지요. 포슬포슬하게 만드는 것이 가장 중요한 팁이에요!

재료 • •

감자	5개(중간 크기)
오이	2개
옥수수캔	½캔

양념

마요네즈	4큰술(듬뿍)
씨겨자	1큰술
소금	약간
후추	약간
설탕	2큰술

만들기 • •

1 감자는 껍질을 벗겨 깍둑썰기한다. 천일염을 1작은술 넣고, 물은 감자가 살짝 잠길 정도로 붓고 끓인다. 감자가 다 익으면 남은 물을 따라 내고 냄비 밑이 눋더라도 물기 없이 포슬포슬하게 삶아서 으깨준다.

2 오이는 얇고 동그랗게 썰어서 천일염을 1큰술 정도 넣고 절인 후 면 보자기에 넣고 꽉 짠다.

3 캔 옥수수는 체에 물기를 뺀 후에도 한 번 더 손으로 짜서 수분을 제거한다.

4 1+2를 섞은 뒤 캔 옥수수, 마요네즈, 씨겨자, 설탕을 모두 넣고 비벼서 샐러드를 완성한다.

• 식빵을 테두리 잘라 내고 팬에 바싹 구운 것이나 모닝 빵에 감자 오이 샐러드를 발라 먹어도 아주 맛있어요.

쫄면

많은 분들이 제 요리 수업에서 찬사를 아끼지 않는 메뉴에요. 이렇게 만들어 먹는 홈메이드 쫄면은, 밖에서 사 먹는 쫄면이랑은 비교도 되지 않아요. 쫄면 속 채소들은 또 얼마나 아삭아삭하게요. 쫄면 소스는 선물하기에도 너무나 좋은 아이템이랍니다.

쫄면사리	600g(6인분)
삶은 달걀	3개
양배추	¼개
적배추	¼개
오이	1개
당근	½개
콩나물	1봉지
채 썬 깻잎	듬뿍
깨소금	약간
들기름	약간
소금	약간

비빔양념장

찹쌀 고추장	10큰술(듬뿍)
간 양파	4큰술
식초	6큰술
(2배 식초일 땐 3큰술 넉넉히)	
설탕	5큰술
올리고당	4큰술
다진 마늘	1큰술 반
사이다	3큰술

• 만든 뒤 간을 보아 기호에 맞게 단맛과 신맛을 조절한다.

1 비빔양념장은 미리 만들어서 숙성을 시킨다.

2 콩나물은 살짝 데친 후 찬물에 헹구어서 물기를 제거한 후 약간의 소금과 들기름을 넣고 조물조물 무친다.

3 채소들은 가능하면 가늘게 채 썰어 준비를 한다.

4 쫄면은 포장에 제시된 방법대로 삶아서 얼음물에 헹군 후 물기를 뺀다. 쫄면의 물기가 빠지면 사리를 지어 놓는다.

5 접시에 쫄면사리를 올린다. 채 썬 채소들과 콩나물을 올린 후 양념한 고추장소스를 올린다. 삶은 달걀은 반으로 갈라서 올려 주고 들기름과 깨소금을 뿌려 완성한다.

• 일반 식초를 넣으면 양념장이 묽지만 간이 싱겁거나 하지는 않아요. 취향대로 식초를 선택해서 양념장을 만드세요.

• 양념장은 미리 만들어 냉장고에 24시간 숙성시켜 주면 더욱 맛이 좋아요.

• 깻잎과 콩나물이 꼭! 들어가야 맛있는 쫄면이 된답니다.

홈메이드 돈가스

예전에 우리가 즐겨 먹던 경양식집 돈가스 스타일로 만들어 봤어요. 이런 추억의 맛은 시간이 지나고 나이가 들어도 잊히지 않는 맛이잖아요.

돈가스용 등심	6조각
간 양파	2개
소금	약간
후추	약간
밀가루	1컵
달걀	2개
빵가루	4컵
생파슬리가루	½컵

돈가스소스

크림수프	8큰술
물	300㎖
갈아 만든 배(시판 캔음료)	200㎖
케첩	7큰술
월계수잎	3장
우스터소스	4큰술
황설탕	2큰술

1 돈가스용 등심 부위로 준비한다. 기계로 눌러졌어도 칼등이나 고기용 망치로 자근자근 두들겨 얇게 펴 놓는다.

2 양파를 강판에 갈아서 고기에 양파 간거랑 소금, 후추를 뿌려서 약 10분 정도 재운다.

3 밀가루–달걀–빵가루(생파슬리가루를 섞어 준다) 순서로 묻힌 다음 냉장고에 1시간 정도 넣어 둔다.

4 두꺼운 냄비에 소스를 만든다. 제시한 재료들을 모두 넣고 저어 주며 걸쭉하게 끓인다. 졸여진 느낌이 들게 20분 정도 중약불에서 끓인다.

· 저어 가며 끓여야 눋지 않아요.

5 튀김용 기름에 돈가스를 앞뒤로 노릇하게 튀긴 뒤 접시에 담고, 뭉근하게 끓인 소스를 뿌려서 완성한다.

· 고기를 정육점에서 산적용 기계로 눌러 와도 집에서 꼭 다시 얇게 두들겨 주어야 해요.

· 간 양파는 고기의 잡내를 잡아 주고 육질을 더욱 부드럽게 해주므로 과정을 생략하지 말고 꼭 하세요.

· 돈가스소스는 오므라이스소스로 활용해도 좋습니다.

피시볼(12개 정도)

만드는 방법은 너무나 간단한데요, 손님상에 내어 놓으면 화려한 세팅 때문에 반응이 더욱 좋은
메뉴에요.

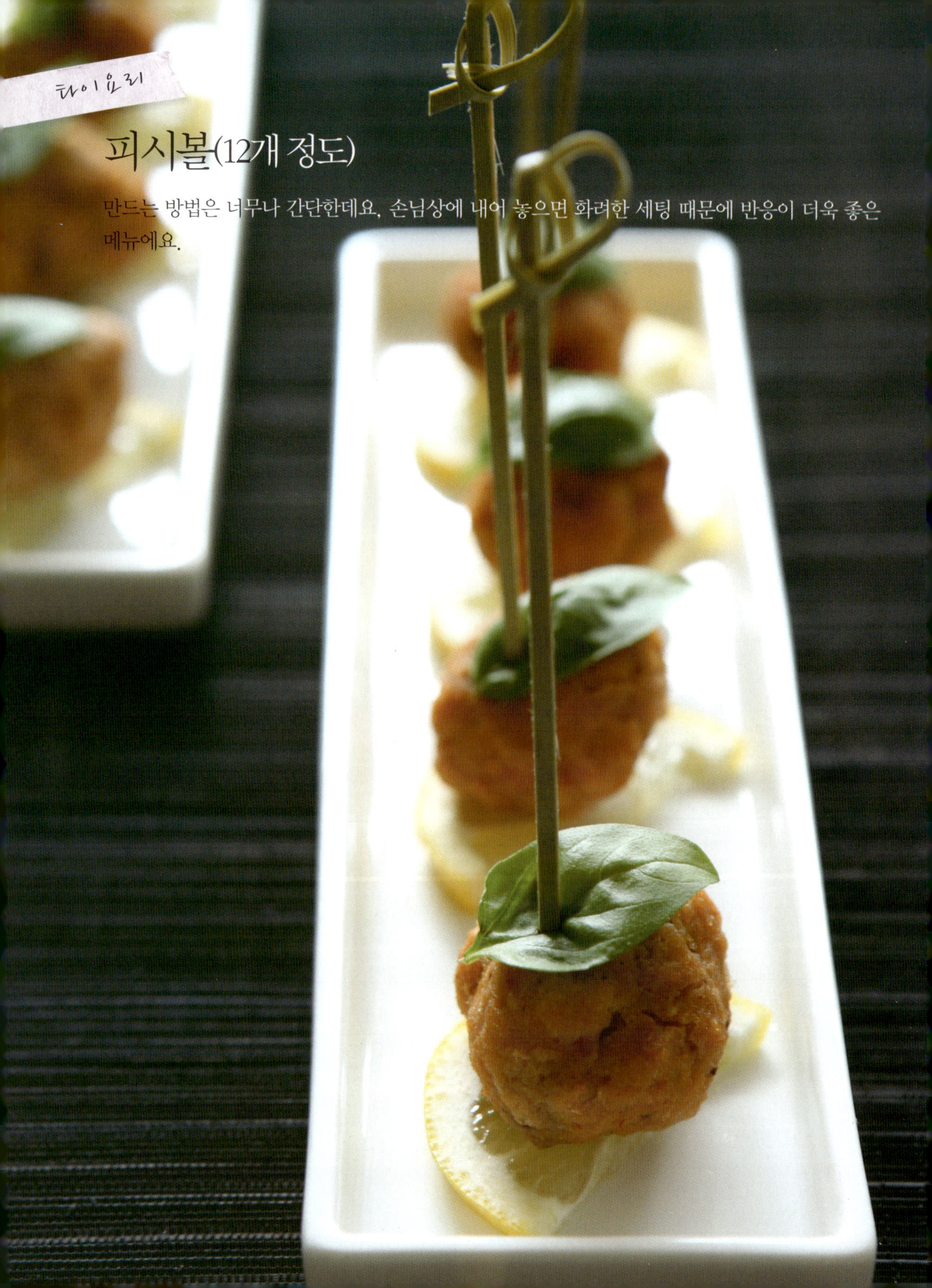

생물 오징어 몸통	1마리
중하새우	5마리
동태살	5조각
생바질잎	한 줌

양념

레드커리 페이스트	1작은술
코코넛 밀크	1큰술
굴소스	½작은술
피시소스	1작은술
황설탕	1작은술
라임즙	1작은술

1 오징어는 머리와 다리는 빼고 몸통만 준비한다. 새우는 머리와 껍질과 내장을 빼고 준비한다. 동태살은 냉동일 경우 키친페이퍼로 물기를 제거해 준비한다.

2 준비한 오징어, 새우, 동태살을 푸드프로세서에 모두 넣고 곱게 간다.

　• 곱게 갈지 않으면 나중에 모양을 잡아 쪘을 때 모두 갈라져요.

3 간 재료들에 양념을 모두 넣고 끈기가 생기도록 잘 치댄다.

4 반죽이 살짝 질기 때문에 손에 찬물을 묻혀 가며 지름 3cm 길이로 동그랗게 완자 모양으로 빚는다.

5 김이 오른 찜통에 빚어 놓은 피시볼을 넣고 생바질잎을 얹은 다음 10분 정도 속이 익도록 찐다.

6 피시볼이 익으면 위의 허브잎을 제거하고 레몬과 싱싱한 허브잎으로 장식해서 접시에 담는다.

　• 어묵 만드는 방법과 비슷한데 기름에 튀겨 내는 것이 아니라 찜통에 쪄내는 방법이라 맛이 더욱 담백하답니다.

　• 그린 커리나 옐로우 커리를 섞어서 다양한 맛과 컬러로 만들어 드셔 보세요.

　• 샤브샤브해 드실 때 어묵 대신 넣어 드셔도 좋답니다.

까오팟 꿍(타이식 새우 볶음밥)

우리가 집에서 자주 해 먹는 볶음밥과 만드는 방법은 거의 비슷해요. 하지만 그런 볶음밥은 이제 모두에게 식상하잖아요. 몇 가지 특별한 재료를 추가해서, 현지에서 맛보는 볶음밥보다 훨씬 더 맛있게 만들어 보았어요.

안남미로 한 밥	3컵
중하새우	6마리
달걀	2개
버터	2큰술
마늘	4톨
베트남고추	3개
장식용 고수잎	약간

양념

피시소스	1큰술
굴소스	1큰술
카레가루	1큰술
소금	약간
후추	약간

1 안남미를 준비해서 컵으로 2컵 가득 담아 물에 3번 정도 씻은 뒤 안남미와 물 비율을 1:1로 맞춰 전기밥솥에 밥을 한다.

2 중하새우는 머리와 껍질, 내장을 제거한다. 등을 갈라 화이트와인 1큰술, 소금, 후추를 살짝만 뿌려 재운다.

3 마늘은 편으로 썰고 베트남고추는 가위로 잘게 자른다. 두꺼운 팬에 버터를 두르고 녹인 뒤 잘라 둔 마늘과 고추를 넣고 볶는다.

4 마늘이 투명해지고 고추가 타지 않을 정도로 볶아지면 재워 놓았던 새우를 넣고 센 불에서 볶는다.

5 4의 재료들이 수분기 없이 볶아지면 달걀 2개를 풀어서 4의 팬에 넣고 잠시 그대로 둔다. 바닥면부터 익도록 한 뒤 반 정도 달걀이 익으면 젓가락을 이용해서 휘저어 스크램블한다.

6 5의 팬에 미리 해 놓은 안남미 밥을 3컵 가득 넣고 주걱의 날을 세워 볶는다.

7 미리 익은 재료들과 잘 섞은 다음 제시한 양념을 넣고 간을 맞춰 완성한다. 접시에 담은 뒤 고수와 라임을 함께 입맛에 맞게 세팅한다.

• 타이향이 듬뿍 나는 맛있는 볶음밥입니다. 마늘과 새우 등이 들어가 한국사람 입맛에도 거부감 없이 맛있지만, 베트남고추가 들어가 매울 수 있으니 아이들과 함께 먹을 경우는 고추를 빼고 만들어 보세요.

• 더욱 색감을 화려하게 하기 위해 카레가루를 넣었어요. 카레가루는 입맛에 맞게 가감하세요.

안남미

타이풍 누들 샐러드

한번 맛보면 누구도 이 맛을 잊지 못한답니다. 손님초대 요리에도 그만이고요. 아름다운 색깔의
조화 때문에 눈으로 즐기는 요리이기도 해요. 담음새는 다른 요리에도 활용하시기 좋을 거예요.

녹두 당면	200g
돼지목살	300g
양상추	½통
오이	½개
양파	½개
초절임 무	10장
고수	한 줌

돼지목살 양념

간장	2큰술
황설탕	1큰술
다진 마늘	1큰술
다진 파	1큰술
생강가루	1작은술
미림	1큰술
참기름	1큰술
후춧가루	약간

전체 소스

피시소스	2큰술
라임즙	6큰술
정수물	6큰술
간장	1큰술
스윗칠리소스	5큰술
청양고추	2개
홍고추	1개

1 녹두 당면은 미리 찬물에 30분 정도 불린다.

2 돼지목살은 샤브샤브용으로 준비한다. 키친페이퍼에 눌러 핏물을 제거한 뒤 제시한 목살 양념에 10분 정도 재운다.

3 재워 놓았던 고기는 팬에 물기 없이 바짝 볶은 뒤 한 김 나가면 뚜껑을 덮어 고기 표면의 윤기를 잡아 준다.

4 양상추는 한입 크기로 뜯어 깨끗이 씻어 얼음물에 담갔다가 물기를 빼서 아삭하게 준비한다. 오이와 양파, 초절임 무도 모두 썰어서 준비한다.

5 불려 놓았던 녹두 당면은 끓는 물에 1분 정도만 삶는다. 당면을 건져 차가운 물에 헹구어 물기를 뺀 다음 가위로 먹기 좋은 길이로 자른다.

6 접시에 양상추를 먼저 담고 녹두 당면을 올린 뒤 채소를 돌아가며 담는다. 돼지목살을 올린 뒤 소스를 뿌리고 맨 위에 고수를 듬뿍 올려 완성한다.

- 여름 무더위에 지친 입맛을 살려주는 메뉴랍니다. 특별한 날 또는 여름손님상에 올리셔도 드시는 분들께서 좋아해 주시니 여름손님 초대 요리 고민 마시고 만들어 보세요.

- 고수의 독특한 향이 싫으시면 깻잎으로 대체하셔도 좋습니다.

- 태국의 얌운센이라는 누들샐러드를 카피캣한 메뉴인데 돼지고기 말고 소불고기나 해물 등으로 대체해서 드셔도 맛있습니다.

멍빈누들(녹두 당면)

라임

타이요리

비프 그린 커리

노란 커리가 싫증이 나셨다면, 비프 그린 커리를 만들어 보세요. 더욱 맛있게 만들기 위해서는 언제나 그렇듯이 더 좋은 고기를 구매하시면 된답니다.

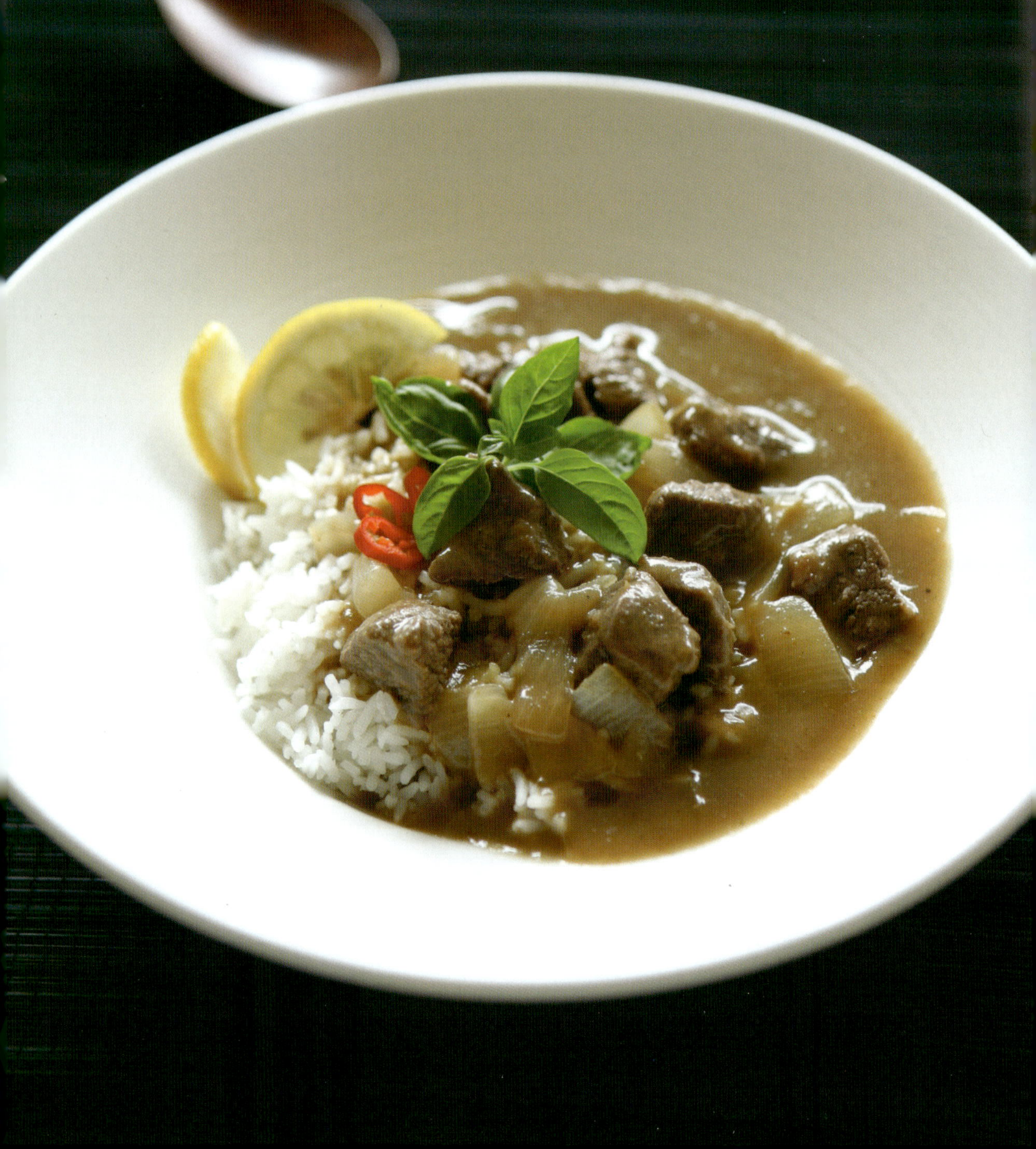

쇠고기 안심	200g
양파	1개(중간 크기)
올리브오일	2큰술
그린 커리 페이스트	2큰술
닭 육수	500mℓ
코코넛 밀크	150mℓ
피시소스	2큰술
굴소스	1큰술
황설탕	2큰술

녹말물

감자녹말	2큰술
물	4큰술

장식용 재료

레몬	⅓개
생바질잎	약간
송송 썬 홍고추	½개

1 양파는 깍둑썰기한 다음 두꺼운 냄비에 올리브오일을 두른 뒤 양파가 투명해질 때까지 볶는다.

2 쇠고기 안심도 깍둑썰기로 썬다. 키친페이퍼를 이용해 핏물을 제거하여 1의 냄비에 넣고 겉면이 익을 정도로 볶는다.

3 2의 냄비에 그린 커리 페이스트 2큰술과 닭 육수 2큰술을 넣고 양념과 재료들이 어우러지도록 함께 볶는다.

4 남은 닭 육수를 모두 붓고 한소끔 끓인 다음 피시소스와 굴소스, 황설탕을 넣는다.

5 코코넛 밀크를 넣은 후 잘 섞어 주고 녹말물을 넣고 살짝 걸쭉한 농도로 맞춘다. 간을 보아 기호에 맞게 가감하여 완성한다.

- 태국 현지에서 먹는 커리는 우리나라 카레와는 다르게 걸쭉하지 않고 살짝 묽어요. 생소해 하는 분들이 있으셔서 녹말물을 첨가해서 농도조절을 했답니다. 현지의 맛 그대로 드시고 싶은 분들께서는 녹말물을 넣지 않으셔도 좋습니다.

닭개장

한국 사람은 아무리 더운 여름이라도 뜨끈한 국물이 최고잖아요. 그래서 준비한, 국물이 개운하고 칼칼한 닭개장입니다. 어르신들에게 대접하기에도 너무 좋을 거예요.

중닭	1마리
양파	1개
마늘	10개
통후추	1큰술
대파(흰 부분)	2대
생강	30g
정수물	4ℓ(넉넉히)

채소

숙주	두 줌
데친 대파 초록 잎	한 줌
고사리	한 줌
토란대	한 줌

고추기름

포도씨오일	5큰술
고춧가루	4큰술(듬뿍)

닭살양념

어간장	4큰술
고춧가루	2큰술
후추	약간
다진 마늘	2큰술
소금	1작은술
설탕	1큰술
참기름	2큰술

전체 국물 간

참치액과 천일염으로 한다. 기호에 맞게 간을 봐 가며 한다.

1 닭은 흐르는 물에 깨끗이 몸속 안까지 씻는다. 꼬리 쪽 기름 부위는 가위로 자른 후 기타 제시한 재료를 넣고 물을 붓고 1시간 센 불에서 푹 삶는다.
   • 이때 냄비의 두께가 얇으면 뜨거운 물을 보충해가며 국물이 2ℓ 정도 되게 끓인다.

2 채소(토란대, 고사리, 데친 대파(초록 잎), 생 숙주)들을 준비한다.

3 닭이 다 삶아지면 건져 식히고, 체에 면 보자기를 깔고 국물을 거른다.

4 닭이 식으면 손으로 적당한 두께로 찢은 다음 제시한 양념을 넣고 무친다.

5 냄비에 포도씨오일를 두르고 약한 불~중불에서 고춧가루를 넣고 고추기름을 낸다. 그다음 받아둔 육수를 붓고 3×3 크기의 다시마를 5장 넣고 팔팔 끓인다.

6 국물이 팔팔 끓으면 고사리를 먼저 넣고 끓이다 닭살무침과 숙주와 대파 초록 잎을 넣고 한소끔 더 끓이고 참치액과 천일염, 후추로 모자라는 간을 맞춘다.
   • 국물양이 2ℓ가 넘으면 일반 소금으로는 간을 맞추기가 어려워요. 천일염으로 간을 맞추세요.

엄마표 한식

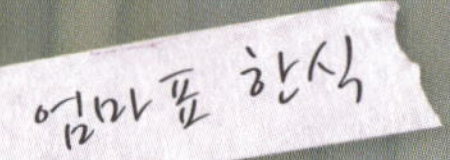

깻잎 찜

저희 집에서 즐겨 먹는 깻잎 반찬이에요. 만들기가 너무나 간단하고 누구에게나 사랑받는 한식 반찬이랍니다.

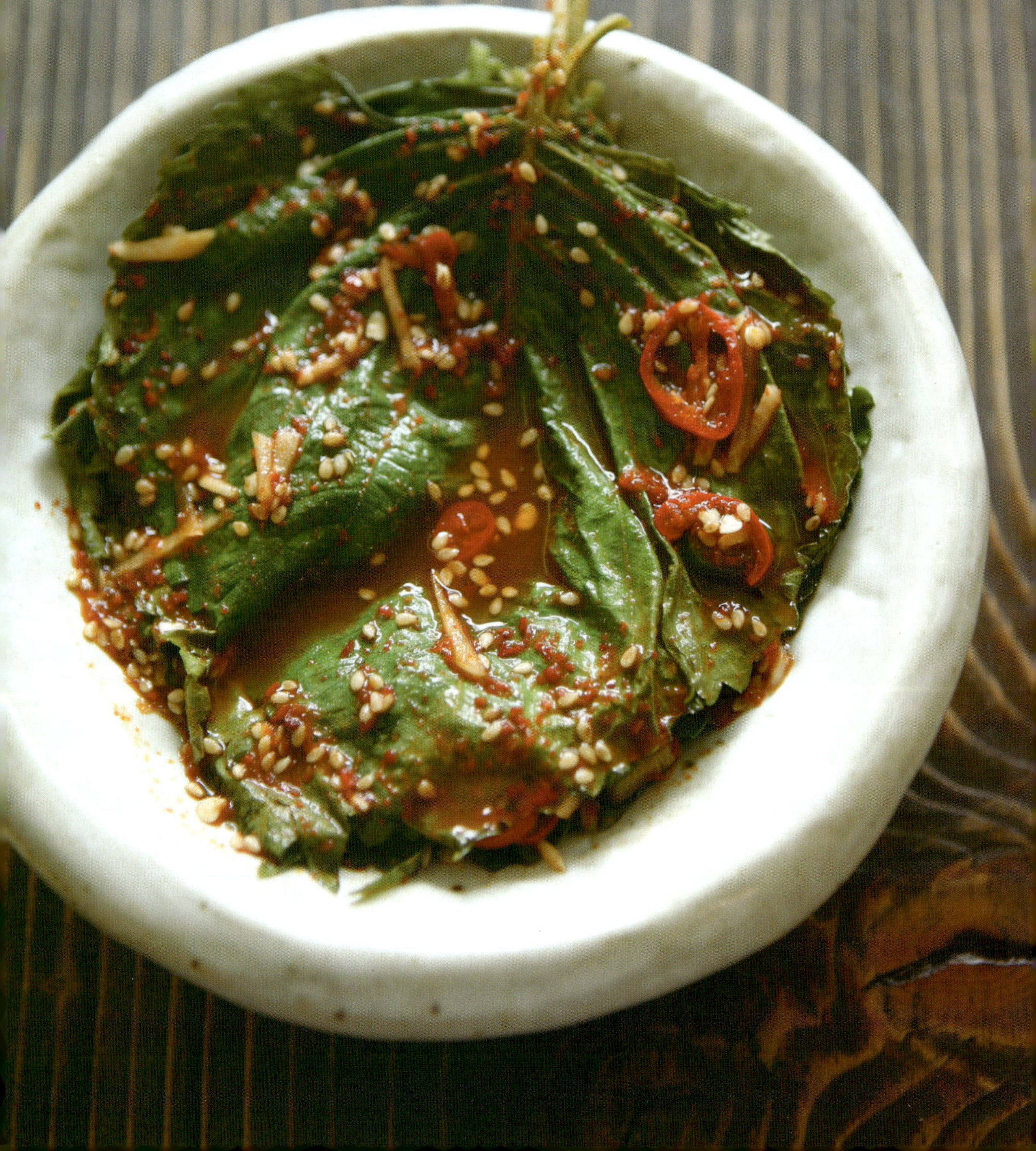

깻잎	20장

양념

간장	1큰술
고춧가루	1큰술
설탕	½작은술
참기름	1큰술
깨소금	1큰술
마늘	2톨
물	3큰술
참치액	1작은술
청양고추	1개
홍고추	1개

1 깻잎은 흐르는 물에 깨끗이 씻은 뒤 물기를 완전히 털어 내지 말고 한 번 정도만 털어 낸다.

2 청양고추와 홍고추는 동그랗게 썬다. 마늘은 채를 썬 후 다른 양념장 재료와 함께 섞어 매콤하게 만든다.

3 깻잎 2장씩 겹쳐서 내열용기에 올린 다음 양념장을 나눠 가며 바른다.

4 김 오른 찜기에 깻잎 담은 그릇을 올리고 5분 정도만 찐다.
  - 폭 숨죽은 깻잎 찜이 아닙니다. 살짝만 숨죽인 찜이니 취향대로 더 쪄서 드셔도 좋아요.

고구마 줄기 볶음

고구마 줄기를 집에서 보통 어떻게 만들어 드세요? 한번 이렇게 만들어 보세요. 들깨가루 때문에 더 구수한 풍미가 느껴지실 거예요.

껍질 벗겨 놓은 고구마 줄기
　　　　　　　　2줌(약 200g)
거피한 들깨가루
　　　　　　　　2큰술(넉넉히)
들기름　　　　　　2큰술
닭 육수　　　　　　400㎖

양념
어간장　　　　　　2큰술
다진 마늘　　　　　1작은술
다진 파　　　　　　1큰술
미림　　　　　　　1큰술

1 손질한 고구마 줄기를 먹기 좋은 크기로 자른 후 볼에 담는다. 제시한 양념을 넣고 손으로 조물조물 무친다.

2 팬에 들기름을 2큰술 두르고 고구마 줄기를 넣고 달달 볶는다.

3 닭 육수를 400㎖ 넉넉히 두르고 뚜껑을 닫아 5분 정도 뜸을 들인다.

4 뚜껑을 열고 간을 본 다음 모자라는 간은 소금으로 더한다. 들깨가루를 넣어 물기가 없을 때까지 볶아주면 완성.

　•고구마 줄기는 껍질을 벗겨서 팔팔 끓는 물에 넣어 3분 정도 꼭 삶아야 해요. 줄기가 부드러워질 때까지 삶아야 합니다. 찬물에 헹구어 물기를 빼 준비하세요.

　•이때 닭 육수는 닭개장을 끓일 때 조금 덜어서 준비한 것으로 하면 편리합니다.

　•닭 육수 말고 멸치다시마 육수로 해도 맛이 좋습니다. 이때 간 조절은 따로 해야 합니다.

어간장

오이 부추무침

김장김치가 지겨워진 여름, 김치 대용으로 즐기기에도 너무 좋은 메뉴에요. 소스만 넉넉히 만들어 두면 언제든지 맛있게 즐길 수 있고요. 반드시 먹기 직전에 소스에 버무려야 한다는 것 잊지 마세요!

오이	1개
부추	30g

무침 양념

고춧가루	2큰술
다진 마늘	1큰술
까나리액젓	1큰술
참기름	1큰술
소금	1작은술
매실청	2큰술
통깨	2큰술

1 오이는 동그랗게 모양을 살려 0.2cm 두께로 자르고 부추는 3cm 길이로 잘라 준비한다.

2 제시한 양념을 만든다.

3 볼에 모두 담고 살살 버무려 완성한다.

• 오이를 소금에 절이지 않고 즉석에서 무쳐 먹는 메뉴라 한 끼 먹을 분량으로만 만들어 드세요. 물이 많이 나와 나중엔 싱거워지고, 부추가 숨이 죽어 오래 놔두고 드실 수 없어요.

• 기호에 따라 양파를 채 썰어 넣고 드셔도 맛있어요.

인도네시아의 가도가도 샐러드

신선한 채소와 함께 즐기는 영양 가득 두부와 삶은 달걀, 감자, 고소하면서도 상큼한 땅콩소스를
듬뿍 뿌려서 드셔 보세요. 그 특별한 맛의 조화 때문에 자주 찾게 될 완소 메뉴가 될 거예요.

감자	½개
숙주	200g
삶은 달걀	2개
양상추	½통
오이	1개
부침용 단단한 두부	¼모

땅콩드레싱

땅콩버터	4큰술
마요네즈	2큰술
황설탕	1큰술
다진 마늘	1작은술
다진 파	2큰술
라임즙	2큰술
레몬즙	2큰술
소금	½작은술
꿀	1 큰술
사이다	50㎖ ~80㎖
다진 땅콩	1큰술

1 드레싱을 제시한 양념들을 모두 넣고 먼저 만들어 냉장고에 넣어 차게 한다. 사이다는 제시한 양보다 여유 있게 준비해서 농도를 조절할 수 있도록 한다.

2 양상추는 한입 크기로 잘라서 깨끗이 씻은 뒤 물기를 제거하고 냉장고에 넣어 시원하게 준비한다.

3 감자는 껍질을 벗기고 부채꼴 모양으로 잘라 삶는다. 숙주는 살짝만 익혀 준비하고 오이와 삶은 달걀은 동그란 모양을 살려 슬라이스한다.

4 두부는 한입 크기로 자른 후 소금, 후추 간을 살짝 한 뒤 녹말가루를 묻혀서 기름 넉넉히 두른 팬에 노릇하게 튀기듯이 지진다.

5 큰 볼에 재료를 돌려 가며 담은 다음 땅콩드레싱을 먹기 전에 뿌려 따로 담아 완성한다.

  • 양상추가 아니어도 일반 다른 채소들도 기호에 맞게 넣어 드셔도 좋아요.

  • 한 끼 식사로 든든할 정도로 재료들을 골고루 들어가 있어서 더운 여름에 한 그릇 메뉴로도 추천합니다.

이탈리아 안심카르파치오

이탈리아 레스토랑에서만 즐기던 카르파치오를 이제 집에서도 쉽게 즐기세요. 손님초대 요리에서도 너무나 사랑받는 메뉴랍니다. 담음새는 다른 요리에도 활용하시기 좋고요, 아마 누구에게나 사랑받는 레시피가 될 거예요.

쇠고기 안심	300g
로즈마리	10g
바질	10g
통후추	넉넉히
소금	약간
올리브오일	30㎖
그라나파다노 치즈	약간
어린잎 샐러드	한 줌
발사믹 글레이즈	약간

1 안심은 키친페이퍼로 눌러 가며 핏물을 뺀 후 소금, 통후추를 위아래로 골고루 뿌린다.

2 허브는 모두 잘게 다지고 올리브오일에 섞는다. 1의 안심에 골고루 마사지하면서 바르고 20분 정도 재운다.

3 그릴 팬을 뜨겁게 달군 후 밑간한 안심을 올리고 표면이 갈색이 나도록 굽는다.

4 3의 고기를 180℃의 오븐에서 15분 정도 더 굽는다.

5 구운 고기는 식혀 랩에 싸고 다시 포일로 감싸서 냉동실에 약 2시간 정도 얼린다.

6 살짝 언 상태에서 고기를 얇게 슬라이스해서 썰어 접시에 담는다. 치즈를 필러로 깎아 올리고 발사믹 글레이즈를 뿌린 뒤 어린잎 샐러드를 올려 완성한다.

 • 쇠고기의 질이 요리의 맛을 좌우합니다. 최고급으로 준비하셔야 제맛을 느낄 수 있답니다.
 • 여름손님 초대 요리로도 추천합니다.
 • 루꼴라를 함께 올려 드셔도 맛이 아주 좋습니다.

한국의 여름 만두 규아상

겨울에 즐기는 만두와는 조금 다른 여름 만두 규아상이에요. 궁중에서 여름철에 별미로 즐겨 먹던 규아상은 해삼 모양으로 빚는 것이 특징이랍니다. 이제 궁중에서만 즐기던 규아상을 집에서도 즐겨 보세요.

만두피	12장
잣	24개(낱개로)

만두소 재료

쇠고기(보섭살)	120g
표고버섯	4장
애호박	½개
양파	½개
오이	½개
참기름	1큰술
소금	½작은술
후춧가루	약간

쇠고기와 표고버섯 밑간 양념

어간장	1큰술
간장	1작은술
설탕	1큰술
다진 마늘	1작은술
다진 파	1큰술
청주	1큰술
참기름	1큰술
후춧가루	½작은술

1 쇠고기는 키친타월로 눌러 핏물을 제거한 후 최대한 가늘게 채 썬다. 표고는 밑동을 떼어낸 뒤 고기와 비슷한 두께로 채 썬다.

2 밑간 양념에 10분 정도 재운 뒤 팬에 수분기 없이 바짝 볶아 식힌다.

3 애호박, 양파, 오이도 모두 가늘게 채 썬다. 소금과 후추를 뿌려 10분 정도 절인 후 물기를 꽉 짠다.

4 팬에 참기름을 1큰술 두르고 3의 채소들을 넣고 볶아 식힌 후 준비한 재료들을 모두 섞는다.

5 만두피 가장자리에 물을 발라 만두소를 넣고 힘주어 붙인 후 꼬집듯이 모양을 잡아 양쪽 끝에 잣을 박는다.

6 김 오른 찜통에 만두를 넣고 10분 정도 찐 다음 뚜껑을 열고 쇼킹워터(찬물)를 끼얹는다.

7 접시에 얼음을 올리고 그 위에 엽란을 올린다. 그 위에 6의 만두를 올린 다음 초간장을 곁들여 완성한다.

- 초간장: 간장 2큰술, 물 1큰술, 식초 1큰술, 설탕 ½작은술, 잣가루 약간
- 만두소를 적당히 넣어야 모양이 예쁘게 나와요. 너무 많이 넣지 마세요.
- 애호박, 오이 등이 소로 들어가서 냉동했다가 드시기엔 별로예요. 드실 만큼만 그때그때 만들어서 드세요.

일본 여름 면 요리 히야시추카(차가운 중화면)

시원하다 못해 차갑게까지 느껴지는 가쓰오부시 육수에 톡 쏘는 겨자를 풀어 쫄깃하게 삶아 낸 면을 폭 적셔서 다양한 가니쉬와 함께 즐겨 보세요. 무더운 여름에 최고로 인기 있는 메뉴랍니다.

중국 에그누들	100g
오이	½개
숙주	50g
게맛살	2줄
달걀	2개
토마토	1개
햄	20g

소스

가쓰오 육수	100㎖
식초	100㎖
간장	100㎖
황설탕	2큰술
미림	3큰술
겨자	1작은술
간 생강	1큰술
참기름	2큰술
깨소금	1큰술

1 먼저 가쓰오부시 육수를 준비한 다음(가쓰오부시 육수내는 법은 26 페이지 참조) 제시한 양념들을 모두 넣고 김치냉장고에 최소 5시간 정도 미리 넣어 두어 차갑게 만들어 놓는다.

2 오이는 가늘게 채 썬다. 숙주는 살짝 데치고 맛살은 가늘게 손으로 찢어 놓는다. 햄도 채 썰고 토마토는 너무 두껍지 않게 슬라이스한다.

3 달걀은 황백으로 나누지 말고 지단으로 부친 뒤 채 썬다.

4 에그누들은 포장지에 나와 있는 대로 삶아서 얼음물에 담갔다 건져서 물기를 뺀다.

5 접시 안쪽에 소스가 넉넉히 담기도록 깊이감이 있는 접시를 준비한다. 면을 담고 소스를 부은 뒤 고명을 올려 완성한다.

- 여름 메뉴이니 소스를 전날에 미리 만들어서 살짝 얼려 드시면 더욱 맛있답니다.
- 기호에 따라 닭고기나 쇠고기를 삶아서 곁들여도 좋아요.
- 중국 에그누들 아니어도 일반 라면 면을 넣고 해 드셔도 좋답니다.

가을 요리

가을은 사계절 중 풍성한 먹거리들로 식탁을 가득 채울 수 있는 계절이지요.

제가 가장 좋아하는 계절이기도 하고요.

흙에서 막 캔 토란, 우엉, 더덕 등 특별하게 솜씨를 부리지 않아도

자연 그대로의 맛을 느낄 수 있는 식재료들이 넘쳐 나서,

가을이 되면 저는 시장에만 가도 행복할 때가 많아요.

제철에만 나오는 식재료들은 가족의 건강을 위해 집에서 엄마가

지어 주는 귀하디귀한 보약 밥상의 중요한 재료들이 됩니다.

산란기가 지난 조개류와 각종 해산물들은 이것저것 다른 재료들을 넣지 않아도

진하고 깊은 국물 맛을 내주고, 흙 속에서 여름 내내 땅의 기운을 듬뿍 받은

뿌리채소들과, 제철을 맞은 버섯들도 진한 향과 더불어

풍부한 맛을 제대로 내 주는 계절이지요.

이 가을, 자연이 우리에게 주는 풍요로운 햇살과 시원한 바람

그리고 소중한 농부의 땀이 어우러진

넉넉한 우리의 밥상을 건강한 요리들로 채워 보아요.

가을 한식

오이선

담음새만으로도 눈이 가는 아름다운 메뉴입니다. 단아한 색감의 담음새 때문인지 어른들께 더 사랑받는 메뉴이기도 하고요. 어른들께 대접할 때 꼭 함께 구성해 보세요.

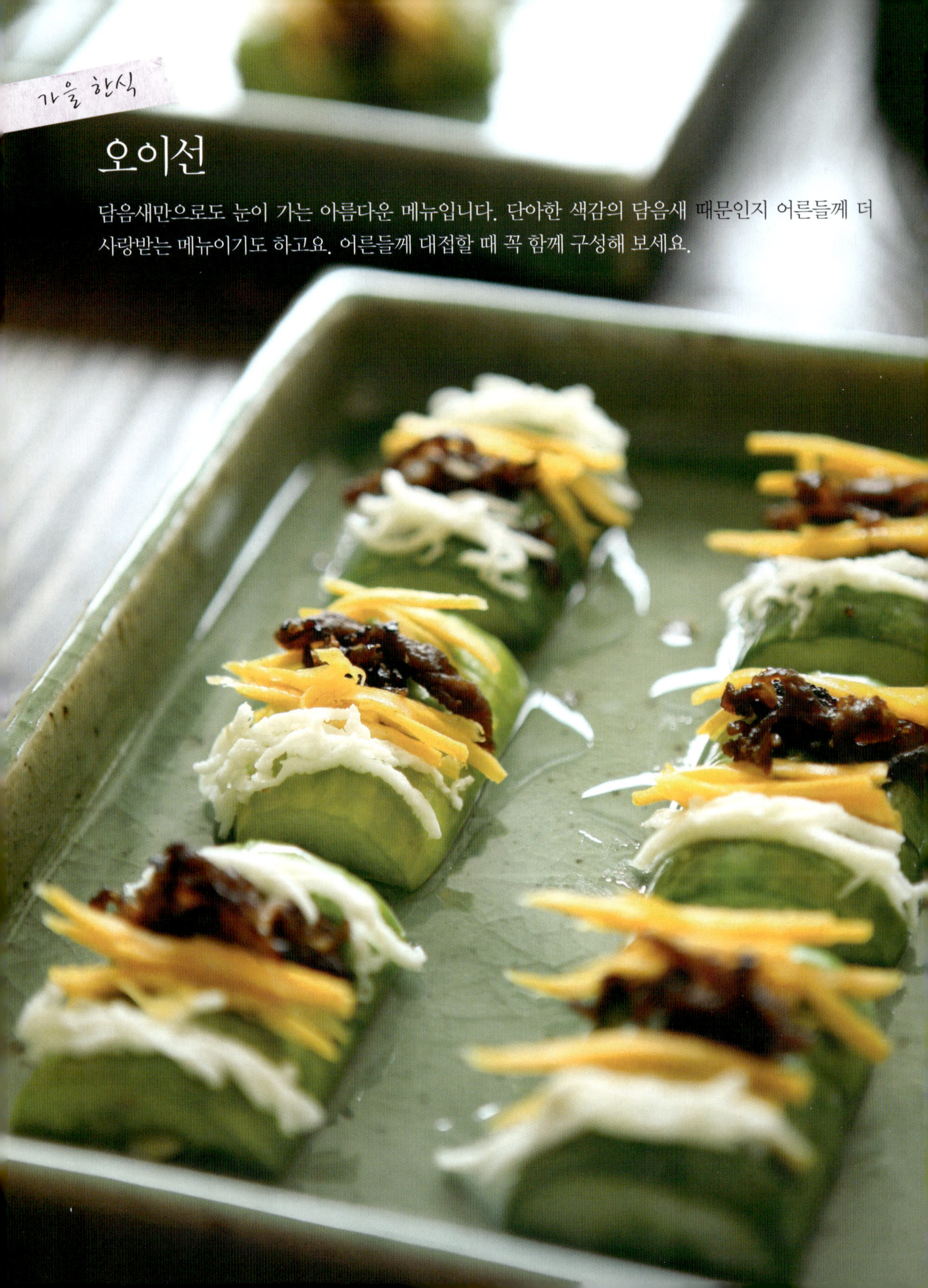

오이	1개
천일염	1큰술 반
물	1컵
쇠고기 우둔	50g
표고	1개
달걀	1개
포도씨오일	약간

고기 버섯 양념

간장	1큰술
설탕	1작은술
다진 파	1작은술
다진 마늘	½작은술
참기름	1작은술
깨소금	1작은술
후춧가루	약간

단촛물

식초	1½큰술
물	½큰술
설탕	1큰술
소금	½작은술

*단촛물은 미리 만든 뒤 냉장고에 넣어 차게 준비한다.

1 오이는 길이로 반으로 가른다. 껍질 쪽으로 칼집을 8mm 간격으로 네 번 넣고 다섯 번째에서 끊어 약 4cm로 토막 낸다.

2 물 1컵에 천일염 1큰술 반을 섞어 진하게 낸 소금물에 오이를 담근다. 약 5분 정도 절인 뒤 물에 헹구어 면 보자기에 싸서 눌러 물기를 짠다.

3 팬을 달군 뒤 포도씨오일을 두른다. 절인 오이를 넣어 센 불에서 재빨리 볶아 넓은 그릇에 펴서 식힌다.

4 쇠고기와 버섯은 곱게 채 썬다. 제시한 분량의 고기 버섯 양념을 넣고 무친 다음 달군 팬에 넣고 센 불에서 물기 없이 볶는다.

5 달걀은 황백으로 나누어 지단을 부친다. 고기의 길이와 두께랑 비슷하게 채 썰어 준비한다.

6 오이의 칼집 사이에 지단과 고기를 한 칸씩 채워 넣는다.

7 접시에 오이선을 올린 뒤 미리 만들어 차게 해 놓은 단촛물을 고루 끼얹어 완성한다.

• 오이의 칼집을 깊게 넣어 주셔야 해요. 안 그러면 고명을 집어넣기가 힘들어요.

• 지단도 가능하면 얇게 부친 뒤 가늘게 채 썰어 준비해 주세요.

쇠고기 우엉말이 조림

쇠고기와 우엉의 조화가 예사롭지 않아요. 우엉 때문에 음식이 더욱 묵직해지는 느낌이고요. 도자기 접시에 세팅하면 더욱 멋스러울 거예요.

쇠고기불고기감	200g
우엉	1대
대추	6개
포도씨오일	약간
꼬치 준비	

양념

다시마물	1컵(100㎖)
간장	2큰술
설탕	1작은술
다진 파	1큰술
다진 마늘	1작은술
깨소금	1큰술
참기름	1큰술
간 배	2큰술
간 양파	2큰술
요리술	2큰술
후춧가루	약간

1 쇠고기는 불고기감으로 정육점에서 두께 약 2mm로 썰어 달라고 해서 준비한다.

 • 고기는 키친페이퍼로 눌러 핏물을 제거해 주세요.

2 제시한 양념을 만든 다음 양념의 ⅓ 정도를 덜어 고기 손질한 것에 넣어 고루 버무려 준다.

3 우엉은 깨끗이 씻은 뒤 껍질은 벗겨 내고 필러로 얇게 긁어 준비한다. 대추는 씨를 발라내고 채를 썰어 준비한다.

4 고기를 얇게 편 다음 우엉을 올리고 대추채를 올리고 돌돌 말아서 꼬치로 끝 부분은 고정시킨다.

5 팬에 기름을 두르고 고기를 돌려 가며 살짝만 굽는다.

6 고기를 돌려 가며 겉면을 익힌 뒤에 남은 양념장을 모두 넣고 졸인다.

7 양념장이 윤기 나게 졸여지면 꼬치를 빼낸다. 가운데 부분을 어슷하게 자른 뒤 접시에 담아 완성한다.

 • 고기를 샤브샤브용으로 얇게 썰어 오면 고기를 말 때 찢어질 수도 있으니 쇠고기말이 용도라고 말해서 2mm 두께로 준비해야 합니다.

 • 혹시 고기가 살짝 두껍다면 고기망치로 두들겨준 다음 말아 주어도 좋아요.

 • 우엉 대신 수삼을 넣고 만들어도 맛이 좋답니다.

더덕 영양밥(4인분)

나이가 지긋하신 어른들이라면 모두 너무나 좋아하는 메뉴에요. 더덕향이 가득한 영양밥은, 여름 내내 지치고 힘들었던 우리의 원기회복에도 그만이랍니다.

더덕	4~6뿌리(400g)
찬밥	3공기
표고버섯	3개
당근	⅓개
청양고추	2개
홍고추	2개
잣	2큰술
참기름	3큰술
소금	약간
간장	1작은술

양념장

간장	3큰술
다시물	2큰술
고춧가루	1큰술
참기름	1큰술
다진 파	1작은술
깨소금	1작은술

1 더덕은 껍질을 벗기고 방망이로 살살 두드려서 얇게 펴 준다. 그 다음 손으로 잘게 찢어서 준비한다.

2 잣은 절구에 넣거나 키친타월에 올리고 방망이로 두들겨서 빻는 다. 더덕에 참기름 1큰술과 잣가루, 소금을 한 꼬집 넣고 조물조 물 무친다.

3 채소들은 모두 잘게 썬다.

4 뚝배기나 주물냄비 등을 준비한다. 중불에서 참기름을 2큰술 두 르고 채소를 모두 넣고 살살 볶다가 물 3큰술과 간장 1작은술을 넣고 볶는다. 찬밥을 넣고 위에 더덕을 올리고 다진 청홍고추 1작 은술을 맨 위에 올린다. 뚜껑을 닫고 약한 불에서 10분 정도 뜸을 들여 완성한다.

• 각자 집에 있는 냄비 두께를 감안하시어 요리하셔야 해요. 타면 안됩니다.

들깨 두부탕

들깨 두부탕으로 여름내 지쳤던 우리 속을 부드럽게 달래보세요. 들깨의 구수한 풍미로 겨울까
지도 즐겨 드실 완소 메뉴가 될 거예요.

불린 멥쌀	⅓컵
볶은 들깨가루	5큰술(넉넉히)
두부	1모
애호박	1개
느타리버섯	50g
생표고버섯	4개
팽이버섯	100g
대파	1대
홍고추	2개
풋고추	1개
다시마 육수	5컵
천일염	약간

1 불린 쌀을 분쇄기에 넣고 곱게 간 후 들깨가루를 넣는다. 다시마 육수를 1컵 정도 먼저 넣고 다시 간다.

2 두부는 4cm 길이와 손가락 굵기로 썬다.

3 애호박은 반달 모양으로 썰고, 버섯들은 모양에 맞춰 손질해 준비한다.

4 대파와 풋고추, 홍고추는 어슷 썬 뒤 씨는 털어 낸다.

5 냄비에 1의 갈아 놓은 재료들을 넣고 남은 다시마 육수를 붓고 끓인다.

6 준비한 버섯과 두부를 넣고 한소끔 다시 끓으면 소금으로 간을 하고 고추를 마지막으로 넣어 완성한다.

• 멥쌀은 일반 백미를 말합니다. 기본 30분 정도 물에 불려 놓았다가 물기를 빼고 쓰면 됩니다.

• 들깨가루는 볶은 것으로 거피하지 않은 것을 넣어야 더 구수하고 맛있답니다.

매콤 바다장어 강정

장어가 원기회복에 제일 좋은 식재료라는 건 우리 모두 다 알잖아요. 매콤 바다장어 강정은 밥반찬으로도 좋지만 술안주로도 손님 초대 메뉴로도 언제나 일등인 메뉴랍니다.

바다장어	1kg
	(중간 크기 3마리 정도)
튀김 기름	600㎖
감자녹말	1컵 반

장어 재움 양념

청주	50㎖
생강가루	1큰술

곁들이 채소

얇게 채 썬 생강	1톨
깻잎	20장
파채	한 줌

매운 양념

고추장	3큰술
간장	1큰술
참치액	1큰술
설탕	1큰술
요리술	2큰술
올리고당	3큰술
물	3큰술
고추기름	1큰술
다진 마늘	1큰술
다진 파	2큰술
참기름	1큰술
생강가루	1작은술

1 장어는 머리 및 기타 손질이 깨끗이 되어 있는 것으로 준비한다. 칼을 어슷하게 뉘여 칼집을 촘촘하게 낸다.

2 먹기 좋은 한입 크기로 자른 뒤 재움 양념에 10분 정도 재운다.

3 매운 양념을 만들어 놓는다.

4 2의 장어에 감자녹말을 넣고 보슬보슬하게 버무린다.

5 데운 튀김기름에 튀김용 젓가락을 넣어 기포가 한두 방울 정도 올라오면 장어를 넣고 노릇하게 튀긴다.

6 매운 양념을 바글바글 끓인 후 튀긴 장어를 넣고 전체적으로 버무린다. 마지막으로 참기름을 1큰술 둘러 완성한다.

- 민물장어로 요리해도 좋습니다. 단 민물장어의 크기가 크다면 가시작업을 잘해야 먹기에 부담이 없어요. 구이보다는 튀김이라 가시도 바삭한 식감으로 먹을 수 있어서 좋답니다.

- 장어에 매운 양념이 윤기나게 버무려지려면 꼭! 양념이 뜨거울 때 넣고 버무려야 해요.

톳조림 채소밥

손님들의 반응이 가장 좋은 메뉴에요. 만드는 데 약간은 번거로울 수 있지만, 맛을 보면 아마 반할 영양 가득한 밥이랍니다. 담음새도 잘 활용하길 바랄게요.

건톳	20g
	(불리면 약 80g 정도)
당근	⅓개
불린 건표고	3개
유부	5장
우엉	⅓토막
연근	⅓토막
따뜻한 흰밥	3공기(듬뿍)
다진 쪽파	한 줌

양념

간장	3큰술
참치액	2큰술
요리술	2큰술
황설탕	2큰술
다시마 육수	450㎖

1 건톳은 양에 맞게 준비한 다음 두 번 정도 물에 깨끗이 헹군다. 헹군 톳을 물에 담가 1시간 정도 충분히 불린 다음 잘게 썰어 준비한다.

2 채소들은 모두 비슷한 양으로 준비한다. 당근과 유부, 건표고, 우엉은 채 썰고 연근은 모양을 살려 썰어 준비한다.

3 팬에 포도씨오일을 2큰술 정도 두른다. 준비한 채소를 모두 넣고 볶는다.

4 3의 채소에 분량의 양념을 모두 넣고 국물이 거의 졸 때까지 한참을 중불에 끓인다.

5 큰 볼에 흰밥, 졸인 채소, 쪽파 다진 것들을 넣는다. 전체적으로 모든 재료들이 어우러지게 잘 비벼 완성한다.

• 톳은 생톳보다 건톳으로 불려서 써야 구수한 향이 감돌아 더욱 맛이 좋답니다.

• 기호에 맞게 돼지고기나 쇠고기 불고기감으로 준비해서 얇게 채 썰어 넣어도 좋습니다.

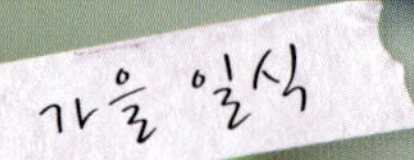

맑은 백합 낙지탕

시원하게 끓여 낸 백합 낙지탕은 가을에 그 맛이 일품인 백합과 낙지가 깊은 맛을 더해 준답니
다. 숙취 후 해장으로도 좋고요, 쌀쌀해진 날씨의 아침 메뉴로도 그만이랍니다.

백합조개	500g
비단조개	200g
낙지	2마리
미더덕	100g
무	¼토막
다시마	5장(4×4크기)
청고추	2개
홍고추	2개
미나리	30g
생수	2.5ℓ

양념

다진 마늘	1큰술
청주	3큰술
천일염	2큰술(각자 간에 맞게)

1 조개는 해감을 한 것으로 준비한다. 물에 두 번 정도 조개끼리 문질러 가며 깨끗이 씻는다.

2 낙지는 흐르는 물에 한 번 정도만 헹궈 볼에 담는다. 밀가루를 2큰술 정도 넣고 손으로 바락바락 문질러서 낙지 특유의 냄새나 이물질을 제거한다. 그다음 물에 여러 번 씻어 물기를 뺀다.

3 기본 물 3ℓ 이상 들어가는 냄비를 준비한다. 조개와 미더덕, 물, 다시마를 넣고 한 번 부르르 삶는다.

4 조개에서 나온 불순물들이 거품으로 떠오르면 체에 면 보자기를 깔고 냄비 안의 내용물을 부어 맑은 육수만 걸러 낸다.

5 냄비에 육수를 담고 무를 나박나박 썰어 넣고 체에 걸러진 조개와 미더덕을 넣고 끓인다

6 물이 끓어 무가 얼추 익으면 낙지를 넣는다. 낙지가 색이 변하며 익으면 바로 청고추, 홍고추를 넣는다. 그다음 다진 마늘, 청주를 넣고 천일염으로 간을 하고 미나리를 넣어 완성한다.

• 낙지 대신 새우를 10마리 정도 넣어도 국물이 맛있답니다.

• 해물 고유의 맛을 살리기 위해 따로 육수를 내어 넣지 않았습니다.

매실 간장 장아찌 무침

매실액을 만들고 남은 매실은 활용하기 쉽지 않잖아요. 이렇게 한번 활용해 보세요. 지인들에게
선물하기에도 너무 좋답니다.

씨 발라낸 매실 장아찌 300g
다진 마늘　　　　　1작은술
다진 파　　　　　　1큰술
간장　　　　　　　　1큰술
참기름　　　　　　　1큰술
통깨　　　　　　　　1큰술

1 매실액을 담근 뒤 나온 매실은 씨를 발라내어 준비한다.

2 분량의 양념을 모두 넣고 손으로 살살 무쳐 완성한다.

- 고추장을 넣어 무친 양념과 다르게 맛이 깔끔하답니다.

- 설탕을 넣고 재워 두었던 거라 많이 달아요. 단맛을 더 추가하지 마세요.

- 참기름은 나중에 넣고 젓가락으로 살짝만 버무려야 매실 표면이 뿌옇게 되지 않는답니다.

새우 해파리 냉채와 잣소스

우리가 흔히 즐기는 겨자소스를 곁들인 해파리 냉채에 깊이를 더했습니다. 잣소스의 풍미 때문에 어른들에게 사랑받을 메뉴에요. 담음새는 모든 해파리 요리에 활용이 가능하답니다.

새우	8마리
손질된 해파리	150g
무순	20g
청주	2큰술

해파리 양념

식초	2큰술
설탕	1½큰술
다진 마늘	1작은술
소금	½작은술

잣소스

잣	2큰술
연겨자	1큰술
가쓰오부시 육수	3큰술
(22쪽 육수 내는 법 참고하세요)	
황설탕	2큰술
식초	2큰술
꿀	1큰술
다진 마늘	1작은술
소금	½작은술
참기름	1작은술

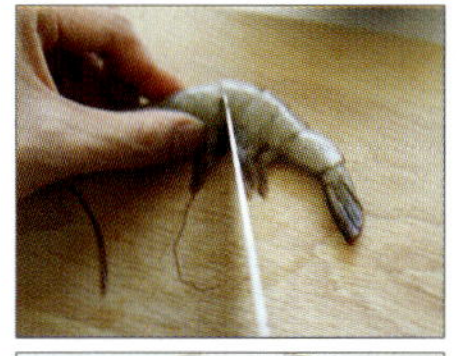

1 잣소스는 제시한 분량대로 미니믹서에 넣고 갈아 미리 만들어 놓는다. 냉장고에 넣어 최소한 30분 정도 숙성시킨다.

2 새우는 꼬치를 이용하여 내장을 제거한다. 배와 꼬리 쪽에 칼집을 넣어 살짝 편 다음 구부러지지 않게 꼬치를 길쭉하게 찔러 넣는다.

 • 이때 살에 찔러 넣으면 나중에 꼬치를 빼기 힘들어요. 껍질과 살 사이로 찔러 넣는다는 느낌으로 찔러주세요.

3 김 오른 찜통에 새우를 넣고 청주를 살짝 뿌린 후 약 5분 정도 찐다. 찐 새우는 얼음물에 담가 열을 식히고 물기를 제거한 다음 꼬치를 제거한다.

4 해파리는 손질되어 있는 것으로 준비한다. 분량의 양념을 넣어 손으로 무쳐 약 10분 정도 간을 배게 한다.

5 새우 가운데 부분에 무순을 올린다. 해파리로 돌돌 감은 다음 접시에 담고 잣소스를 뿌려 완성한다.

 • 잣소스를 미리 만들어 놓으면 잣이 수분을 다 흡수해 소스가 뻑뻑해질 수 있어요. 30분 전에만 만들도록 하세요.

 • 무순 외에 오이나 달걀지단을 넣고 말아 주어도 모양도 예쁘고 맛있습니다.

마라황과

고급 중국집에서만 즐기던 마라황과를 집에서도 쉽게 만들어 즐길 수 있어요. 생각보다 너무 쉽게 만들어서 다들 놀라신답니다.

오이	5개
천일염	2큰술 반

양념

식초	150㎖
설탕	150㎖
두반장	2큰술(듬뿍)
다진 마늘	1큰술
참기름	1큰술
홍고추	2개

1 오이는 천일염으로 문지른 뒤 깨끗하게 씻는다. 마라황과 모양대로 자른 다음 물렁한 씨 부분은 도려낸다.

2 볼에 오이를 담고 천일염을 뿌린 뒤 30분 정도 충분히 절인다.

3 이때 양념을 모두 넣고 만들어 30분 정도 숙성시킨다. 마늘은 다져 놓은 것 말고 통마늘을 직접 다져서 넣는다. 홍고추는 송송 썰어서 넣는다.

4 절인 오이는 물에 한 번만 헹군다. 키친타월로 눌러 짜면서 물기를 제거한 다음 양념과 버무린다.

5 밀폐용기에 담고 반나절 실온에서 숙성시킨 다음, 냉장고에 넣어 하루 정도 숙성시켜 먹는다.

• 청오이로 해야 오이가 무르지 않고 색감이나 맛이 좋답니다.

• 드실 만큼만 만들어 드세요. 오래 두고 먹을 수 있는 메뉴는 아니에요.

닭다리 찹쌀구이와 매실소스

우리가 즐겨 먹는 탕수육과 비슷하지만, 훨씬 더 세련되게 즐길 수 있는 메뉴에요. 찹쌀 때문에
쫄깃해진 식감이 매실소스와 어우러져 기막힌 맛을 낸답니다.

닭다리 살	6개 분량
달걀흰자	1개 분량
찹쌀가루	1컵
튀김용 기름	3컵
다진 마늘	1큰술
양파	½개
청피망	½개
홍피망	½개
불린 목이버섯	30g

닭다리 살 재움 양념

우유	1컵
소금	약간
후춧가루	약간

매실소스

물	1컵(200mℓ)
간장	4큰술
식초	4큰술
황설탕	6큰술
매실청	2큰술
녹말물 (녹말 3큰술 + 물 4큰술)	

1 닭다리 살은 껍질을 뗀다. 전체적으로 칼등으로 두들겨 두께를 고르게 해서 우유에 20분 정도 재운다.

2 우유에 재웠던 닭은 흐르는 물에 씻은 뒤 키친타월로 눌러 물기를 제거한다. 소금과 후추를 골고루 뿌린 후 달걀흰자 1개를 넣고 손으로 잘 주물러 놓는다.

3 닭살에 앞뒤로 찹쌀가루를 골고루 묻힌 다음 약 2분 정도 휴지시간을 준다.

4 그 사이 제시한 양념 중에 녹말물만 빼고 소스를 만든 후 냄비에 바글바글 끓인다.

5 채소들은 모두 깍둑썰기를 해서 준비한다. 목이버섯은 불린 것으로 준비한다. 다른 채소들과 크기를 비슷하게 손으로 떼어내 준비한다.

6 팬에 기름을 3큰술 정도 두르고 센 불에서 채소를 볶은 다음 4의 소스를 넣는다. 다음 녹말물을 넣어 걸쭉하게 만들어 소스를 완성한다.

7 튀김용 팬에 기름을 넣는다. 튀김용 젓가락을 넣어 기포가 다섯 방울 이상 올라오면 찹쌀가루 묻힌 닭다리 살을 넣고 노릇하게 튀긴다.

8 튀긴 닭다리 살을 먹기 좋은 한입 크기로 잘라 접시에 담고 탕수소스를 뿌려 완성한다.

- 튀김을 바삭하게 하고 싶다면, 닭다리 살에 찹쌀가루를 묻힌 뒤 냉장고에 30분 정도 놔두었다가 꺼내어 바로 튀겨 주세요. 훨씬 더 바삭하게 튀겨진답니다.

- 소스의 농도는 제가 제시한 녹말물을 한번에 다 넣지 말고, 소스가 끓을 때 계량스푼으로 1큰술씩 넣어서 저어 가며 맞춰 주는 게 좋습니다.

기스면(4인분)

유난히 가을에 더 생각나는 면 요리가 바로 기스면입니다. 기스면의 따끈하고 시원한 그 국물 맛을 제대로 재현했습니다.

닭 육수

중닭	1마리
통후추	1큰술
생강	2톨
마늘	5톨
대파(흰 부분)	1대
양파	½개
건홍고추	2개
물	3ℓ
생면	400g
달걀	2개
청경채	2포기 정도
불린 목이버섯	한 줌
홍합	20개 정도

부재료

식용유	2큰술
채 썬 대파(흰 부분)	1대
채 썬 생강	2톨

1 닭은 껍질을 벗기지 않고 준비한다. 배 속을 손으로 훑어가며 깨끗이 손질한다. 냄비에 담고 물을 붓는다. 준비한 모든 향신채들을 넣고 센 불에서 30분, 중불에서 30분, 총 1시간 정도 끓여서 준비한다.

2 닭은 건져 따로 두고, 면 보자기에 육수를 걸러 건더기를 모두 건져 준비해 놓는다.

3 냄비에 기름을 3큰술 정도 두른다. 채 썬 대파(흰 부분) 1대와 채 썬 생강을 넣고 달달 볶는다. 홍합도 넣고 볶다가 닭 육수를 붓고 굴소스 2큰술과 참치액 2큰술, 소금 1작은술로 간을 맞춘다. 팔팔 끓으면 달걀을 풀어서 줄알을 친다. 청경채는 깨끗이 씻어서 줄기부터 넣어서 기스면 육수를 완성한다.

4 생면은 삶아서 중간에 쇼킹워터를 넣은 뒤 찬물에 헹궈 쫄깃하게 준비한다. 분량만큼 접시에 담고 뜨거운 육수를 한번 부어서 국수를 토렴한 뒤 다시 육수를 담아 완성한다.

· 국수 위에 취향대로 통후추를 듬뿍 뿌려서 먹으면 더 좋아요.

· 국물이 맑고 담백하다 보니 약간 싱겁게 느껴질 수 있어요. 마라황과 등 김치대용 메뉴들과 함께 먹으면 더욱 맛있답니다.

양파 완두콩 수프(4인분)

사랑스러운 빛깔 때문에 쓸쓸해진 이 가을에 더욱 사랑받는 수프에요. 따끈한 완두콩 수프 한 그릇이 마음까지 따뜻하게 해 줄 거예요.

양파	2개
익힌 완두콩	30g(한 줌 정도)
슬라이스 된 바게트	4쪽
모차렐라 치즈	2컵
버터	3큰술(넉넉히)
채소 육수	3컵(약 600㎖)
소금	약간
후추	약간
다진 생파슬리	약간

1 양파는 가늘게 채 썬다. 냄비에 버터를 두르고 중간 불에서 타지 않게 10분 정도 볶는다.

2 양파가 갈색이 돌기 시작하면 익힌 완두콩을 넣고 5분 정도 더 볶는다.

3. 양파가 진한 갈색이 나면 채소 육수를 붓고, 입맛에 맞게 소금으로 간을 맞춘다. 후추도 뿌려 1인용 수프 그릇에 담는다.

4 바게트를 수프에 띄우고 그 위에 피자 치즈를 듬뿍 올린다. 200℃로 예열한 오븐에 넣어 15분 정도 굽는다.

5 치즈가 노릇하게 익으면 꺼내서 파슬리를 뿌린다.

- 닭 육수를 넣어 끓이면 더욱 진한 맛이 나서 맛있어요.
- 닭 육수가 부담스러우면 채소스톡으로 만들어 보세요. 깔끔하고 달큰한 채소 맛이 자칫 느끼할 수도 있는 치즈 맛을 잡아 주어 맛있답니다.
- 채소스톡은 미지근한 물 800㎖에 채소스톡 큐브 1개를 넣어서 녹여 준비하세요.

토마토 살사와 마늘 바게트

간단한 브런치 메뉴로도 손색이 없는 메뉴에요. 살사소스는 나초와 즐기기에도 너무 좋아요.

토마토	1개
양파	½개
피망	½개
다진 생파슬리	1큰술
레몬즙	1큰술
사과식초	2큰술
올리브오일	3큰술
설탕	1큰술
소금	½작은술
후추	약간

1 토마토는 열십자를 낸 후 뜨거운 물에 넣었다가 뺀다. 껍질을 말끔히 제거한 후 잘게 다진다.

2 양파, 피망은 잘게 다진다.

3 생파슬리도 잘게 다진다.

4 다진 토마토와 제시한 재료를 넣고 잘 섞어 맛을 내 살사소스를 만든다.

• 살사소스는 30분 정도 냉장고에 넣어 숙성시켜 드세요.

• 생파슬리를 넣으면 향이 진해서 더욱 맛있어요.

마늘 바게트

마늘 좋아하는 한국인들 중 마늘 바게트 싫어하시는 분들은 없으실 거예요. 향긋하고 바삭하게
즐기는 마늘 바게트. 재료도 간단하지만 만드는 방법은 더욱 간단하답니다.

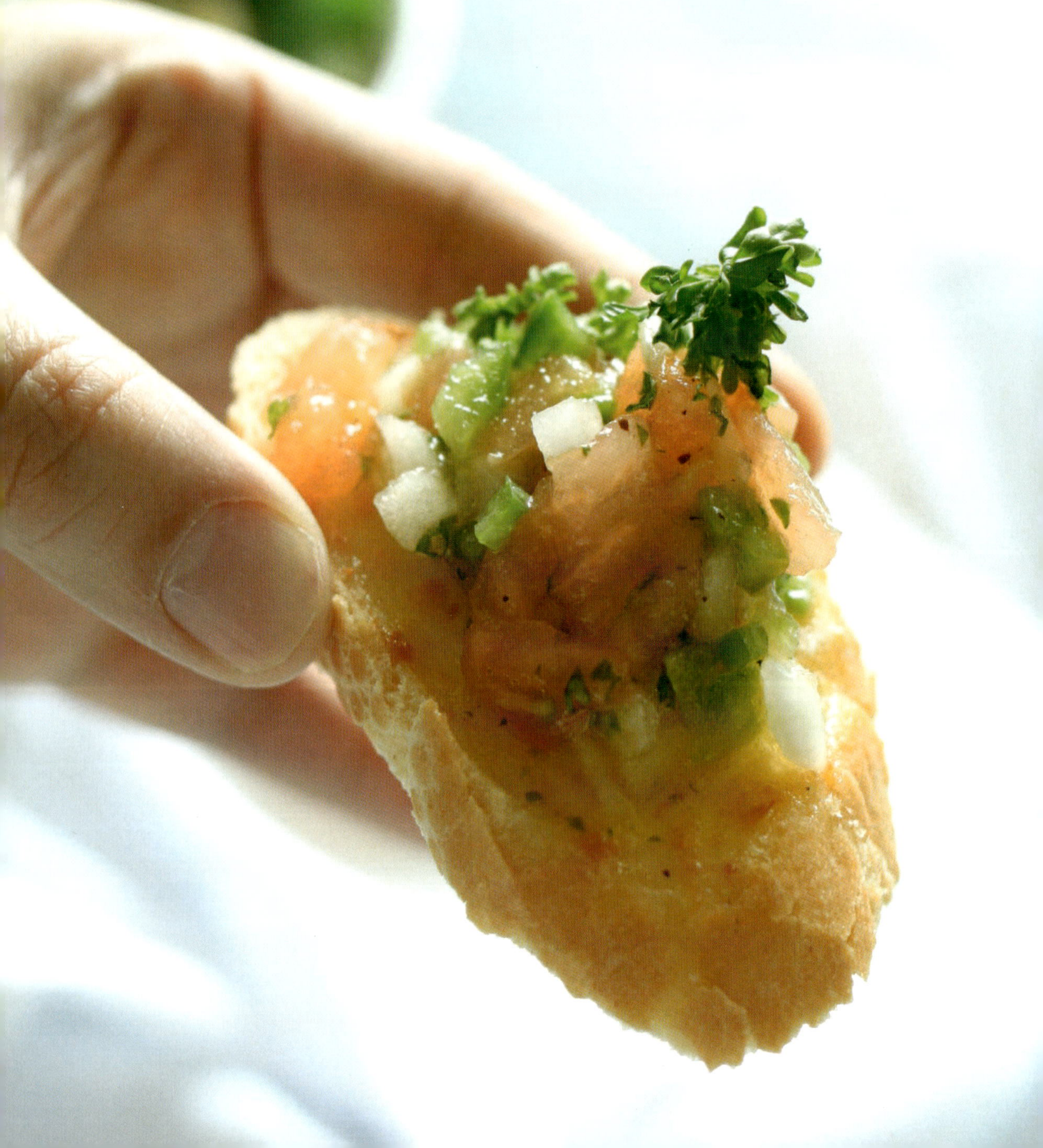

바게트	6조각

마늘 버터

버터	3큰술
다진 마늘	1큰술
설탕	1큰술
소금	한 꼬집

1 버터는 미리 실온에 꺼내 놓는다. 부드러워지면 분량의 양념을 모두 넣고 섞는다.

2 바게트는 두께 1cm 정도로 자른 후 만들어 놓은 마늘 버터를 바른다.

3 180℃로 예열한 오븐에 넣고 10분 정도 구워 완성한다.

- 토마토 살사는 차갑게, 마늘 바게트는 뜨겁게 만들어서 곁들여 먹으면 제일 맛나답니다.
- 살사는 먹기 전에 만들어서 냉장고에 넣어 차갑게 준비하고요, 마늘 바게트는 바로 구워 뜨거울 때 세팅해서 상에 내세요.

새우 퀘사디아(한 판)

퀘사디아는 패밀리 레스토랑에서만 즐기던 메뉴였지요? 또띠야만 있으면 집에서도 완벽한 퀘사디아를 만들 수 있답니다.

새우	10마리

(코스트코 냉동 생새우 21~25크
기 준비, 해동한 후 작게 잘라서
후추, 화이트와인에 재워 줌)

노랑 파프리카	½개
빨강 파프리카	½개
피망	½개
양파	½개
모차렐라 치즈	한 컵
해동한 또띠야	2장
생파슬리	약간
생크림 요거트	1개

양념

굴소스	1큰술
핫소스	1큰술
마늘	1큰술
후추	약간

1 프라이팬에 올리브오일을 두르고 먼저 양파를 볶는다. 다진 마늘을 넣고 새우살을 넣고 볶다가 제시한 모든 소스를 넣고 같이 볶는다. 물기 없이 센 불에서 볶는다.

2 또띠야를 먼저 오븐 팬에 깔고 볶은 새우살과 채소를 올리고 모차렐라 치즈를 듬뿍 올린다.

• 냉동된 또띠야는 해동해서 기름기 없는 팬에 살짝 구워서 준비한다.

3 또띠야를 한 장 더 올리고 오븐에 200℃에서 약 10~15분간 치즈가 녹을 정도로 굽는다.

4 다 구워지면 생크림 요거트와 파슬리가루를 뿌린 다음 먹기 좋은 크기로 슬라이스해서 완성한다.

• **응용 요리**
김치볶음밥을 해서 또띠야 사이에 넣고 모차렐라를 듬뿍 넣어 주어도 별미입니다.

단호박 샐러드 피자

어린아이들과 어른들 모두에게 사랑받는 피자에요. 단호박의 달콤한 맛이 피자의 느끼함도 잡아
준답니다. 이제 피자는 꼭 집에서 만들어 드세요!

단호박	1개(500g)
어린잎 샐러드	1팩(100g)
또띠야	2장(10인치)
토핑용 발사믹 글레이즈	약간
피자 치즈	넉넉히
버터	2큰술
황설탕	3큰술
소금	약간

1 단호박은 껍질째 6등분으로 자른다. 한 김 오른 찜기에 넣고 약 20분 정도 찐다.

2 단호박에서 껍질을 분리하여 속만 볼에 담는다. 버터와 황설탕, 소금을 넣고 잘 섞는다.

3 오븐 팬에 또띠야 한 장을 깔고 피자 치즈를 올린다. 거기에 또띠야 한 장을 더 깔고 단호박을 원으로 그리며 넉넉히 바른 다음 피자 치즈를 듬뿍 올린다.

4 180℃로 예열한 오븐에서 20분 정도 치즈가 노릇해질 때까지 굽는다.

5 구운 피자 위에 어린잎 샐러드를 올린 뒤 발사믹 글레이즈를 뿌려 완성한다.

• 매시드 단호박 양이 좀 많은 편입니다. 적당히 올리고 남으면 샌드위치 속으로 넣어 드셔도 별미랍니다.

발사믹 글레이즈

PART 04

겨울 요리

바람의 온도가 달라진 것을 느껴 문득 주위를 돌아보면,

겨울이 벌써 성큼 다가와 있습니다.

갑자기 바뀐 차가운 계절은 우리 몸이 제일 먼저 알지요.

아침에 일어나면 목이 따끔거리기도 하고, 아이들은 마른기침을 하기도 하고요.

생강과 대추를 넣어 따끈하게 데운 우유에 꿀을 조금 넣고

호호 불어 마셔 가며 건강한 겨울나기 요리를 준비합니다.

수온이 낮아진 겨울에 더욱 맛있는 해산물들, 매생이, 굴, 홍합 등을

이용한 메뉴와 추운 날씨도 이겨낼 에너지 넘치는

풍부한 단백질 식재료들도 요리에 활용할 거예요.

겨울은 또 아이들이 1년 동안 기다려온 크리스마스도 있잖아요.

가족들과 근사한 곳에서의 외식도 좋지만,

올해는 좀더 특별하게 집에서 홈파티를 해보는 건 어떨까요?

한 해 동안 각자의 자리에서 열심히 일하고 공부하며

자기 자리를 빛내 준 나의 사람들을 위해

따뜻한 요리로 추위도 이겨내 보아요.

단호박 범벅

겨울에 더 맛있는 단호박 범벅입니다. 차가워진 날씨에 더욱 어울리는 메뉴에요. 새알심을 넣어
드시면 한 끼 식사로도 충분하답니다.

단호박	1개(중간 크기)
강낭콩	반 줌
고구마	1개
쌀가루	3큰술
설탕	2큰술
소금	1작은술(기호대로 조절)

1 단호박은 필러로 껍질을 벗기고 씨를 파낸 속만 준비한다. 냄비에 물을 살짝 잠길 정도만 붓고 물러질 때까지 삶는다.

2 강낭콩은 냄비에 담고 물을 부은 뒤 익을 정도로 삶아서 준비한다.

3 고구마는 껍질을 벗기고 잘게 잘라서 준비한다.

4 호박이 다 익으면 믹서에 부드럽게 간다. 너무 뻑뻑하지 않게 물로 농도를 조절한다. 쌀가루 3큰술을 흩뿌리며 넣고 주걱으로 계속 젓는다.

5 강낭콩과 고구마를 넣고 저어준다. 고구마가 다 익으면 설탕과 소금으로 간을 하여 완성한다.

• 대추를 올려 주면 세팅 완성!

• 한 그릇 요리로 든든히 드시고 싶다면 새알심을 만들어 넣으세요.

들기름 드레싱 & 새우 아스파라거스 샐러드

어른들이 더 좋아하는 샐러드에요. 요아마미표 들기름 드레싱은 어떤 샐러드에도 잘 어울린답니다.

손질한 새우	12마리
아스파라거스	4대
어린잎 샐러드	1팩

들기름 드레싱

들기름	3큰술
레몬즙	2큰술
맛술	2큰술씩
다진 마늘	1큰술
꿀	2큰술
소금	1작은술

1 아스파라거스는 밑동을 잘라 내고 먹기 좋은 길이로 잘라 씻는다. 소금을 넣은 끓는 물에 약 20초 정도만 데쳐서 찬물에 담갔다 물기를 뺀다.

2 드레싱을 만든다.

3 새우는 손질된 것으로 준비해서 끓는 물에 레몬즙 또는 청주를 1큰술만 넣고 익혀 준비한다.

4 어린잎은 씻어 물기를 빼 준비한다.

5 그릇 위에 어린잎과 아스파라거스를 올린다. 새우는 모양을 살려 담은 뒤 드레싱을 뿌려 완성한다.

· 새우 대신 게맛살을 넣어 드셔도 좋습니다.

· 채소들도 취향에 맞게 넣어 드세요.

매생이 굴전

겨울철 별미 매생이 굴전이에요. 겨울의 제철 식재료인 매생이와 바다의 우유 굴을 넣어 만들었
으니 최고의 건강식이기도 하고요. 노릇하게 지져낸 맛이 일품인 겨울철 별미랍니다.

매생이	50g
굴	1봉지
부침가루	4큰술
달걀	1개
마른 새우가루	2큰술

1 매생이는 체에 올려 그대로 물에 3번 정도 헹궈 물기를 뺀다.

2 굴은 소금물에 살살 흔들어 씻은 뒤 손으로 일일이 만져 껍질을 없 앤 뒤 물기를 뺀다.

3 볼에 달걀과 부침가루를 넣고 젓가락을 이용해서 잘 섞은 뒤 매생 이도 넣고 섞는다.

4 굴도 넣고 새우가루도 멍울이 없도록 섞는다.

5 팬에 기름을 넉넉히 두른다. 굴이 하나씩 올라가도록 반죽을 올린 다. 중불로 속까지 익도록 천천히 구워 완성한다.

• 계량스푼으로 적당히 떠서 올려 지지면 편하답니다.

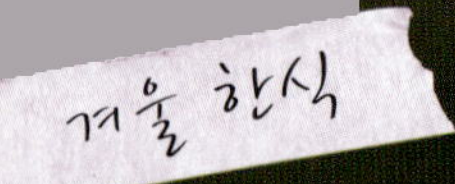

홍합탕

늦겨울에 가장 맛있는 제철 홍합으로 만들어 본 메뉴에요. 제철 식재료인 홍합으로 만들어, 국물
맛은 어느 때보다도 일품이랍니다.

홍합	1kg
청양고추	2개
홍고추	2개
청주	2큰술
천일염	1큰술
정수물	1.8ℓ

1 홍합은 홍합끼리 문지른 뒤 수염은 손으로 하나하나 뜯어 손질한다.

2 냄비에 홍합을 넣고 정수물을 붓는다. 뚜껑을 닫고 홍합이 입을 벌릴 때까지 한소끔 끓인다.

3 홍합이 입을 벌리면 반 정도 덜어 따로 담는다. 홍합 국물을 500㎖ 정도 덜어 식힌다.

　• 홍합살만 발라내어 홍합 버섯 영양밥에 넣는다.

4 냄비에 송송 썬 청양고추와 홍고추, 청주와 천일염을 넣고 간을 맞춰 완성한다.

　• 청주를 넣으면 국물 맛이 깔끔해지고 해물의 비린 맛도 잡아 줘요.

　• 천일염으로 간을 하면 일반 소금보다 간을 맞추기가 쉽고 국물 맛이 깊어진답니다.

홍합 버섯 영양밥

제철 홍합과 두 가지 버섯을 넣어 만든 영양밥은, 어른들이 더욱 좋아하는 메뉴이기도 합니다.
영양적으로도 너무나 완벽한 메뉴이니 꼭 만들어 보세요.

3시간 정도 불린 쌀　　2컵 반
홍합탕에서 발라낸 홍합살
　　　　　　　　　　한 줌
표고버섯　　　　　　4개
느타리버섯　　　　　반 줌
홍합 육수　　　　500㎖
청주　　　　　　　1큰술
간장　　　　　　1작은술
참기름　　　　　　1큰술

1 홍합살을 준비한다.
　• 홍합탕 끓이면서 따로 준비해 놓은 것을 사용한다.

2 표고는 가늘게 채 썬다. 느타리는 작은 크기로 준비하여 가닥가닥 떼어낸다.

3 뚝배기나 주물냄비를 준비하여 불린 쌀을 담는다. 홍합 육수를 붓고 버섯과 홍합살을 올린 후 청주, 간장, 참기름을 넣는다.

4 불에 올린 뒤 뚜껑을 닫고 밥이 보글보글 끓으면 뚜껑을 열고 위아래를 뒤집는다. 밥물이 잦아들면 뚜껑을 다시 닫고 약한 불로 줄인다. 약 15분 정도 뜸을 들여 완성한다.
　• 생홍합살로 밥을 해서 홍합살의 싱싱한 맛이 그대로 살아 있어요.
　• 밥을 질지 않게 하는 것이 중요합니다. 밥물을 많이 잡으면 절대 안 됩니다. 쌀과 물의 양을 동량으로 하세요. 불 조절을 잘해서 밥이 타지 않도록 신경 써야 맛난 영양밥을 할 수 있답니다.

새송이버섯 수프

버섯 고유의 맛과 향이 좋은 새송이버섯으로 만들어 본 수프입니다. 풍미 가득한 새송이버섯 수프는 뜨끈한 겨울에 너무나도 잘 어울리는 메뉴에요.

새송이	3개
양파	1개
우유	4컵
월계수잎	4장
버터	3큰술
밀가루	3큰술
소금	약간
후추	약간

만들기 • •

1 새송이는 씻은 후 물기를 제거하고 동그랗게 자르고 양파는 채 썬다.

2 팬에 버터를 3큰술 넣고 녹인 후 밀가루를 3큰술 동량으로 넣고 거 품기로 저어 가며 충분히 볶는다.

3 새송이와 양파를 넣고 좀 오래 볶는다.
   • 버섯에서 수분이 나와서 숨이 죽을 때까지 완전히 볶아 주는 게 중요 포 인트

4 믹서에 분량의 우유를 먼저 넣은 후 **2**를 넣고 곱게 간다.

5 다시 냄비에 붓고 월계수잎을 넣고 끓인다. 어느 정도 뭉근하게 끓 으면 소금, 후추로 간을 해서 완성한다.
   • 양송이, 느타리 등 다른 종류의 버섯들과 섞어 만들어도 좋습니다.

브라운브레드와 카프레제

저의 카프레제는 브라운브레드와 아주 잘 어울린답니다. 평소에 많이들 즐기시는 카프레제를 새
롭게 즐겨 보세요. 담음새 때문에 많은 분들에게 사랑받는 메뉴랍니다.

토마토	2개
프레시 모차렐라 치즈	1개
브라운브레드	2개
아스파라거스	약간
바질 페스토	약간
발사믹 드레싱	
발사믹 식초	2큰술
씨겨자	1큰술
올리브오일	3큰술
황설탕	1작은술

1 토마토는 껍질 쪽이 살짝 두껍고, 씨 쪽으로 얇게 모양 잡아 썰어 준비한다.

2 프레시 모차렐라 치즈는 토마토보다 살짝 더 크게 잘라 준비한다.

3 드레싱을 분량대로 만든다.

4 아스파라거스는 밑동을 자른다. 윗부분만 4cm 길이로 자른 후 팔팔 끓는 물에 소금을 넣은 뒤 10초 정도 살짝 데쳐 준비한다.

5 브라운브레드 위에 치즈, 토마토, 바질 페스토를 올린 후 발사믹 드레싱을 뿌린다.

6 마지막으로 아스파라거스를 올린 다음 꼬치를 꽂아 완성한다.

바질 페스토   프레시 모차렐라 치즈

크루통을 곁들인 씨저 샐러드

엔초비의 감칠맛 때문에 어른들께도 사랑받는 씨저 샐러드. 개인적으로 밖에서 먹는 씨저 샐러드는 너무 짜더라고요. 저만의 레시피로 만든 씨저 샐러드. 아마 모두에게 사랑받는 메뉴가 될 거예요. 여기서 소개해 드리는 크루통은 모든 샐러드의 가니쉬로 사용하기 좋답니다.

로메인레터스	두 줌
그라나파다노 치즈	약간

크루통 만들기

식빵 2개를 주사위 모양으로 잘라서 녹인 버터	1큰술
파슬리가루	1작은술
후추	약간
소금	약간
황설탕	1큰술
올리브오일	2큰술

* 파슬리가루 약간 넣고 잘 버무려 180℃ 오븐에서 약 15분 정도 굽는다.

씨저 드레싱 재료

달걀노른자	1개
마늘	2톨
소금	⅓작은술
황설탕	1큰술
엔초비	2조각
레몬즙	2큰술
우스터소스	1작은술
홀그레인머스터드	1큰술
(미니 믹서에 넣고 간다.)	

* 올리브오일 60㎖는 분리 되지 않게 나중에 거품기로 섞으면 완성

1 채소들은 깨끗이 씻어서 물기를 제거한 후 먹기 좋은 크기로 자른다.

2 드레싱 재료들을 모두 잘 섞는다. 분리되지 않게 잘 섞어서 냉장고에 넣어 놓는다.

3 볼에 채소들을 담고 소스를 뿌려서 살짝 버무린다.

4 접시 위에 채소와 크루통을 올리고, 치즈는 갈아서 올려 완성한다.
- 드레싱 양념들은 미니믹서기에 넣고 갈아야지만 잘 섞여요.
- 엔쵸비는 캔에 들어있는 반으로 갈라진 조각을 낱개로 2개 넣으세요.

홈메이드 라자냐

이탈리아 대표 메뉴 라자냐는 고소하고 풍미 가득한 치즈로 말미암아 여성들에게 인기 만점인
메뉴에요. 크리스마스나 연말모임에도 너무나 잘 어울리는 메뉴이니 꼭 활용해 보세요.

주재료

라쟈냐 면	5장
모차렐라 치즈	150g
파마산 치즈	3큰술

크림소스

버터	3큰술
밀가루	3큰술
우유	2컵
파마산 치즈가루	½컵
소금	약간
후추	약간
	(간간하게 간을 맞춘다.)

미트소스 재료

우유	4큰술
양파	1개
마늘	3톨
화이트와인	½컵
버터	2큰술
간 쇠고기	200g
홀토마토	1캔
닭 육수	1컵
오레가노	1큰술
월계수잎	2장
소금	약간
후추	약간
토마토케첩	4큰술
황설탕	1큰술

1 뜨겁게 달군 팬에 버터를 두르고 곱게 다진 양파와 마늘을 볶는다.

2 간 쇠고기를 **1**에 넣고 소금, 후추를 약간씩 넣는다. 고기가 뭉치지 않도록 풀어 주며 수분기 없이 바싹 볶는다.

3 홀토마토는 꺼내어 다진다. 화이트와인, 우유, 오레가노, 월계수 잎, 토마토케첩을 **2**에 넣는다. 닭 육수를 붓고 간을 본 뒤, 약 20분 정도 충분히 수분기가 날아가도록 졸여서 고기소스를 만든다.

4 넓적한 모양의 라쟈냐는 소금 1큰술과 올리브오일 2큰술을 넣은 물 에 삶아서 체에 겹치지 않게 펼쳐 식힌다.

5 치즈소스를 만든다.

6 먼저 오븐용 그릇에 치즈소스를 숟가락으로 떠서 얇게 펴 바른다.

7 라쟈냐를 한 겹 깔고 그 위에 미트소스와 치즈소스를 번갈아 바 른다.

8 맨 위에 모차렐라 치즈를 골고루 뿌린 뒤 파마산 치즈를 뿌린다. 200℃로 예열한 오븐에서 치즈가 노릇하게 익도록 약 20분 정도 충분히 익힌다.

· 쇠고기는 기름기 없는 담백한 부위(우둔)를 이용하세요.

· 남은건 냉동했다가 다시 데워드시면 됩니다.

겨울 중식

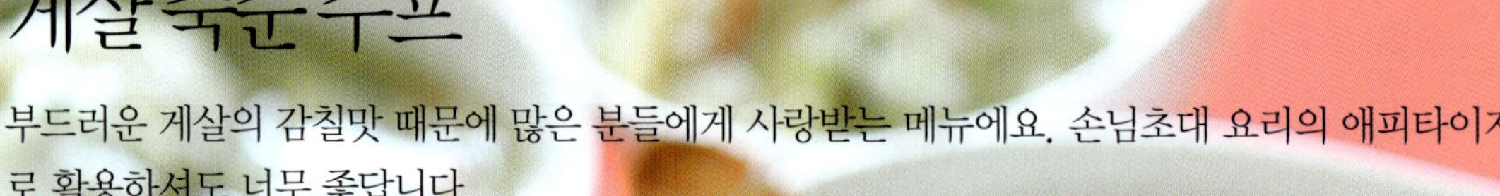

게살 죽순 수프

부드러운 게살의 감칠맛 때문에 많은 분들에게 사랑받는 메뉴에요. 손님초대 요리의 애피타이저로 활용하셔도 너무 좋답니다.

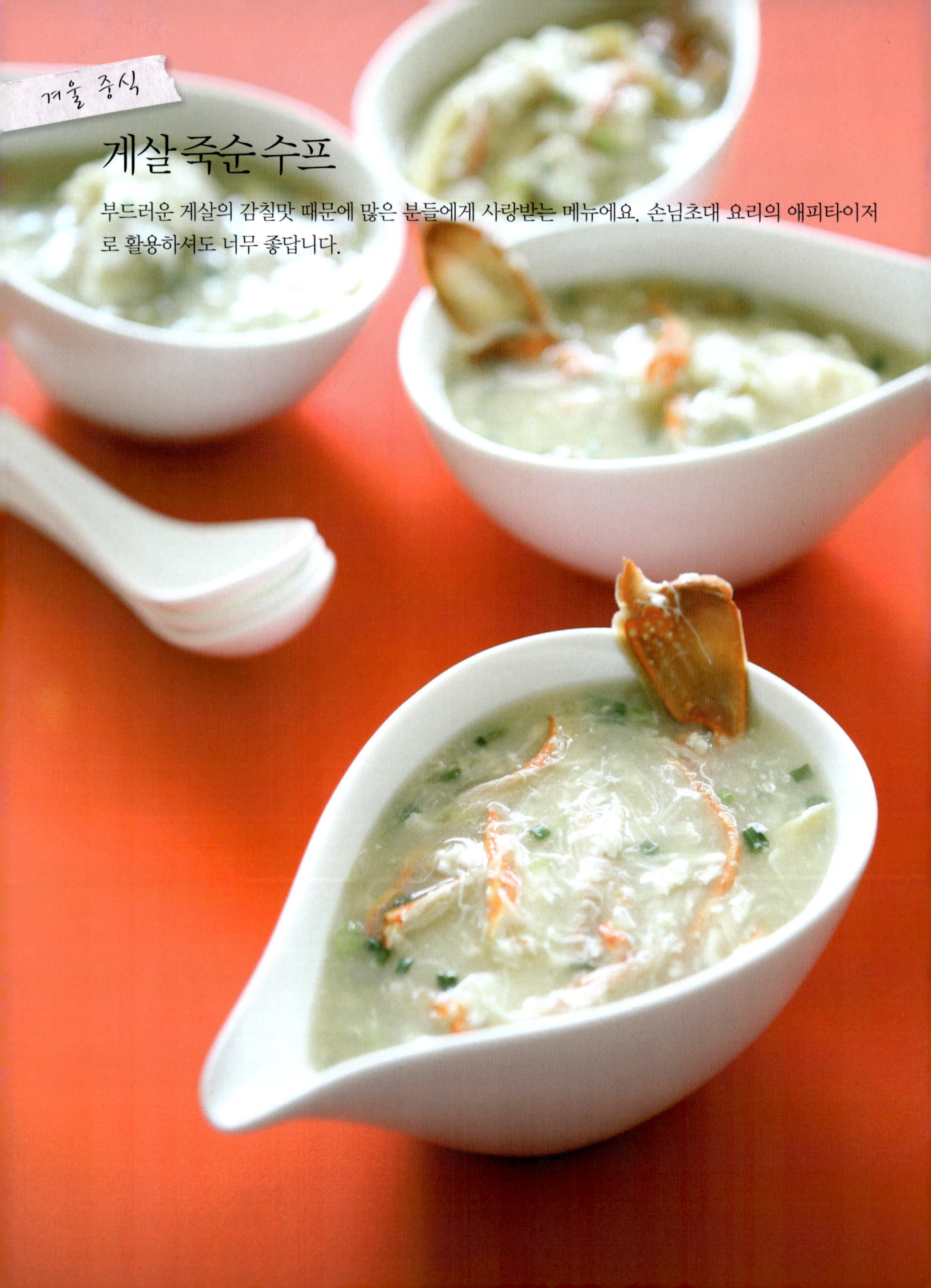

붉은 게살	130g
냉동 꽃게	1마리
죽순	50g
생강	1톨(새끼손가락 크기)
마늘	3쪽
대파(흰 부분)	1대
닭 육수	1ℓ
포도씨오일	3큰술
청주	2큰술
녹말물 (녹말 3큰술 + 물 5큰술)	
달걀흰자	2개
소금	약간
쪽파	약간

1 냉동 게살은 봉지째 10분 정도 물에 담가 해동한다. 체에 올려 물기를 뺀 뒤 손으로 가늘게 찢어서 준비한다.

2 꽃게 껍질은 솔로 닦고 등껍질은 떼어낸 뒤 가위로 4등분 정도로 토막 내어 준비한다.

3 생강과 마늘은 편으로 썬다. 대파(흰 부분)는 길게 채 썰어 준비한다.

4 냄비를 달구고 포도씨오일을 두른 뒤 마늘과 생강을 먼저 넣고 볶는다. 대파도 넣고 숨이 죽을 정도로 볶는다.

5 꽃게와 손질한 죽순, 청주를 넣고 잘 섞어 가며 볶는다.

6 닭 육수를 붓고 끓기 시작하면 게살을 넣는다. 달걀흰자는 줄알을 쳐서 넣는다.

7 다시 끓기 시작하면 녹말물을 넣어서 걸쭉하게 농도를 맞춘다.

8 간을 본 뒤 마지막으로 쪽파를 넣고 참기름을 둘러 완성한다.

• 누룽지도 튀겨서 게살 죽순 수프를 부어 누룽지탕으로도 먹을 수 있습니다.

• 게살과 꽃게 말고도 홍합이나 새우, 오징어 등 다양한 해물들을 넣고 더 푸짐하게 먹어도 좋습니다.

깐풍새우

한국인들에게 탕수육 다음으로 인기 있는 중식 메뉴가 바로 깐풍새우 아닐까요? 매콤해서 더 손
이 가는 소스는 닭요리 등에 활용하기도 너무 좋아요.

껍질 깐 중하새우	16마리
양파	½개
쪽파	3대
마늘	3쪽
생강	1쪽
고추기름	2큰술
브로콜리	1송이
녹말가루	1컵
튀김용 기름	3컵

양념

두반장	1큰술 반
굴소스	1큰술
청주	3큰술
설탕	4큰술
후추	약간

1 새우는 껍질 깐 생새우를 준비한다. 꼬리 끝의 물총 부분을 제거하고 등쪽 부분을 칼로 저미며 가른다. 청주 2큰술, 소금, 후추를 약간씩 뿌려 약 10분 정도 재운다.

2 채소를 다듬어 준비한다. 쪽파는 송송 썰고, 양파와 마늘은 굵게 다지고, 생강은 편으로 썬다.

3 양념도 미리 볼에 넣고 섞어서 준비한다.

4 준비한 새우에 녹말가루를 골고루 묻힌다. 녹말가루가 수분을 머금도록 잠시 냉장고에 넣은 다음, 30분 정도 튀김기름에 넣고 오래다 싶게 한번만 바삭하게 튀긴다.

5 팬에 고추기름을 두르고 채소들을 넣고 향이 배어나도록 볶는다. 양념을 넣고 바글바글 끓으면 튀긴 새우를 넣고 잘 버무린다.

6 접시에 살짝 데친 브로콜리를 먼저 담고 새우를 올려 완성한다.

- 브로콜리와 함께 먹으면 영양적인 면으로 충족되니 함께 세팅해서 드세요.
- 이미 익혀서 파는 자숙새우나 칵테일새우는 육질이 쫄깃하지 않답니다. 번거로워도 생새우를 사서 손질해서 먹으면 더욱 맛이 좋답니다.

파인애플 쇠고기 탕수육

쇠고기 안심으로 만들어 본 탕수육이에요. 육즙 가득한 쇠고기 탕수육은 달콤한 소스의 파인애플 때문에 느끼하지 않아 많이들 좋아한답니다.

쇠고기 안심 300g

재움 양념

포도씨오일	3큰술
생강가루	1작은술
소금	½작은술
후추	약간
간장	1큰술
황설탕	1큰술

녹말 앙금

녹말가루	7큰술
물	10큰술

튀김용 기름(포도씨오일)	4컵
파인애플 과육링	2개

탕수육소스

물	8큰술
식초	5큰술
황설탕	6큰술
간장	3큰술
파인애플링	2개
녹말물	5큰술
(감자녹말 2큰술 + 물 3큰술)	

1 제일 먼저 녹말 앙금을 만든다. 최소한 1시간 이상 놔두어야 앙금이 깨끗하게 가라앉는다.

2 쇠고기 안심 부위는 먼저 키친타월로 눌러 핏물을 꼭 제거한다. 0.7cm 너비로 고기의 결 반대 방향으로 썬다.

3 고기를 볼에 담고 고기 재움 양념을 넣고 조물조물 무쳐서 20분 정도 재운다.

4 1의 가라앉은 녹말 앙금은 윗물을 따라 내고 앙금만 건져 낸다. 고기를 재운 볼에 넣고 손으로 주물러서 튀김옷 반죽을 입힌다.

5 튀김용 기름에 고기를 하나하나씩 넣어서 튀긴다. 한 번 튀긴 후 충분히 식혀서 다시 한 번, 두 번을 튀겨야 바삭해진다.

6 파인애플은 과육만 작게 잘라서 준비한다.

7 냄비에 소스 양념(녹말물을 제외한)들을 분량대로 넣는다. 바글바글 끓이다가 녹말물을 넣고 저어 가며 농도를 맞춘다. 마지막에 파인애플을 넣어서 섞는다.

8 튀긴 고기를 접시 위로 소복이 담는다. 파인애플소스를 뿌려서 완성한다.

 • 튀김옷이 거의 없는 듯한 튀김이랍니다. 고기의 육질을 그대로 느낄 수 있는 튀김이니 고기를 가능하면 최상등급으로 준비하세요.

 • 녹말 5큰술을 모두 한번에 다 붓지 말고 3큰술 정도 먼저 넣고 농도를 맞춰 주세요. 개인 취향에 맞게 농도를 조절하는 것 잊지 마세요.

 • 계절에 따라 딸기와 오렌지 등 다양하게 과일을 넣어서 드세요.

마파두부 덮밥

냉장고에 항상 준비되어 있는 두부로 만들어 본 특별한 요리랍니다. 뭐 먹을지 고민되는 겨울밤
한 끼 식사로 너무나 훌륭한 메뉴에요.

간 돼지고기	200g
두부	1모
양파	½개
송송 썬 쪽파	1컵
송송 썬 청양고추	3개
두반장	3큰술
굴소스	2큰술
멸치 육수	2컵 반
다진 마늘	2큰술
다진 생강	1작은술
청주	3큰술
올리고당	3큰술
고춧가루	1큰술
녹말물 (녹말 2큰술 + 물 5큰술)	
후춧가루	약간
포도씨오일	3큰술

1 양파를 잘게 썰어 팬에 기름을 두르고 달달 볶는다.

2 양파가 투명해지면 다진 마늘, 생강을 넣어 볶다가 핏물 뺀 다진 돼지고기를 넣는다.

3 돼지고기를 넣고 풀어서 볶다가 고춧가루, 청주, 후추를 약간 넣고 볶는다.

4 돼지고기가 완전히 익으면 송송 썬 고추, 두반장, 굴소스를 넣고 볶는다.

5 멸치 육수를 붓고 두부는 깍둑 썰어서 넣는다. 나머지 재료랑 섞은 후 올리고당과 파, 녹말물을 넣고 농도를 맞춘다.

6 마지막에 참기름을 넣어 마무리한다.

7 접시에 밥을 담고 마파두부를 듬뿍 올려서 완성한다.

겨울 일식

모둠채소 버섯구이와 데리야끼소스

상대적으로 비타민이 부족해질 수 있는 추운 겨울, 꼭 드셔야 할 모둠채소 버섯구이는 육류 요리의 가니쉬로도 너무나 어울리는 메뉴랍니다. 데리야끼소스는 다른 메뉴에 활용하기도 너무 좋아요.

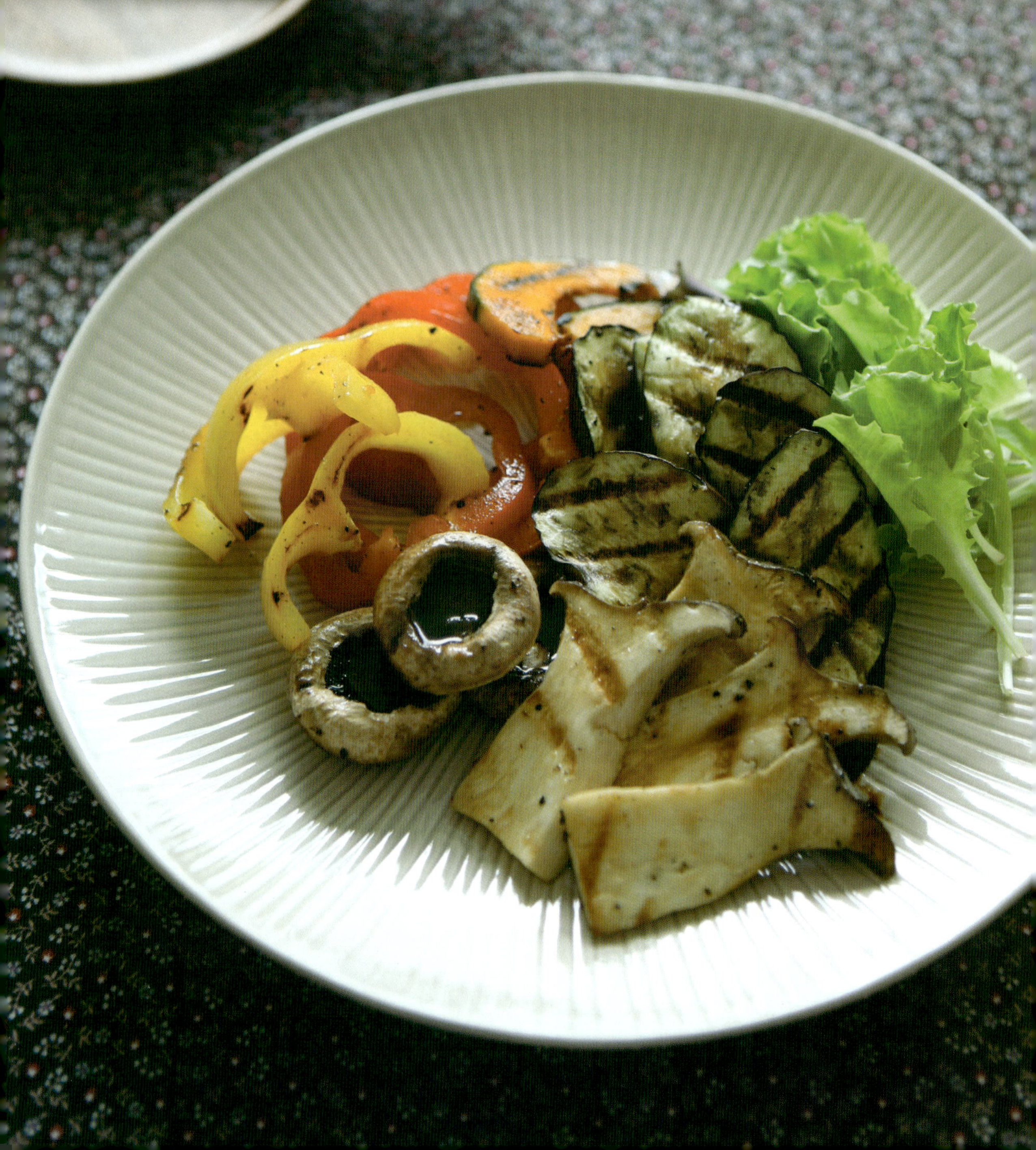

가지	1개
단호박	¼통
노랑 파프리카	1개
빨강 파프리카	1개
새송이버섯	2개
양송이버섯	4개
장식용 어린잎	약간

데리야끼소스

간장	100㎖
물	200㎖
청주	2큰술
황설탕	1큰술
올리고당	2큰술
통마늘	3톨
생강(엄지손가락 크기)	1톨
통후추	1작은술
매운 건홍고추	4개
(베트남 고추로 준비)	

1 작은통 3중 이상 냄비에 데리야끼소스 재료들을 모두 넣는다. 중불에서 졸이며 약 8~10분 정도 끓인 뒤 체에 걸러 소스만 준비한다.

- 걸쭉하지 않아요. 묽은 소스랍니다.

2 채소 손질하기 가지는 살짝 굵다 싶게 어슷하게 자른다. 단호박은 반을 가른 뒤 씨를 긁어낸 다음 0.3cm 두께로 자른다. 노랑, 빨강 파프리카는 반 갈라 씨를 도려내고 길쭉하게 자른다.

3 버섯 손질하기 버섯들은 껍질째 흐르는 물에 한번 정도만 가볍게 씻는다. 새송이는 모양을 살려 0.2cm 두께로 자른다. 양송이는 기둥을 손으로 떼어내 준비한다.

4 그릴 팬을 달군 후 올리브오일을 솔로 팬에 바른다. 채소와 버섯을 올리고 앞뒤로 그릴자국이 나도록 굽는다.

5 데리야끼소스를 솔을 이용해서 채소와 버섯에 살짝만 바른다. 접시에 구운 채소와 버섯을 올린다. 어린잎으로 장식하여 완성한다.

- 데리야끼소스를 센 불에서 끓이면 거품이 끓어올라 냄비 가장자리 부분이 타기 쉬워요. 중불에서 중간 중간 저어 가며 끓여 주어야 해요.
- 소스를 너무 오래 끓이면 간이 짜지기 때문에 중간에 간을 봐서 졸여 주세요.
- 팬에 채소를 굽다가 데리야끼소스를 바르면 연기가 많이 올라와요. 이렇게 하면 채소는 불 맛이 나면서 맛은 좋지만 집안에 연기가 가득할 수 있으니 환기시키면서 하세요.

겨울 일식

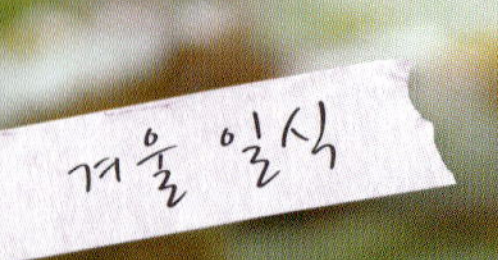

문어 샐러드와 매콤한 미소 드레싱

문어는 겨울이 제철인 식재료랍니다. 매콤한 미소 드레싱을 곁들여 풍미를 더했답니다.

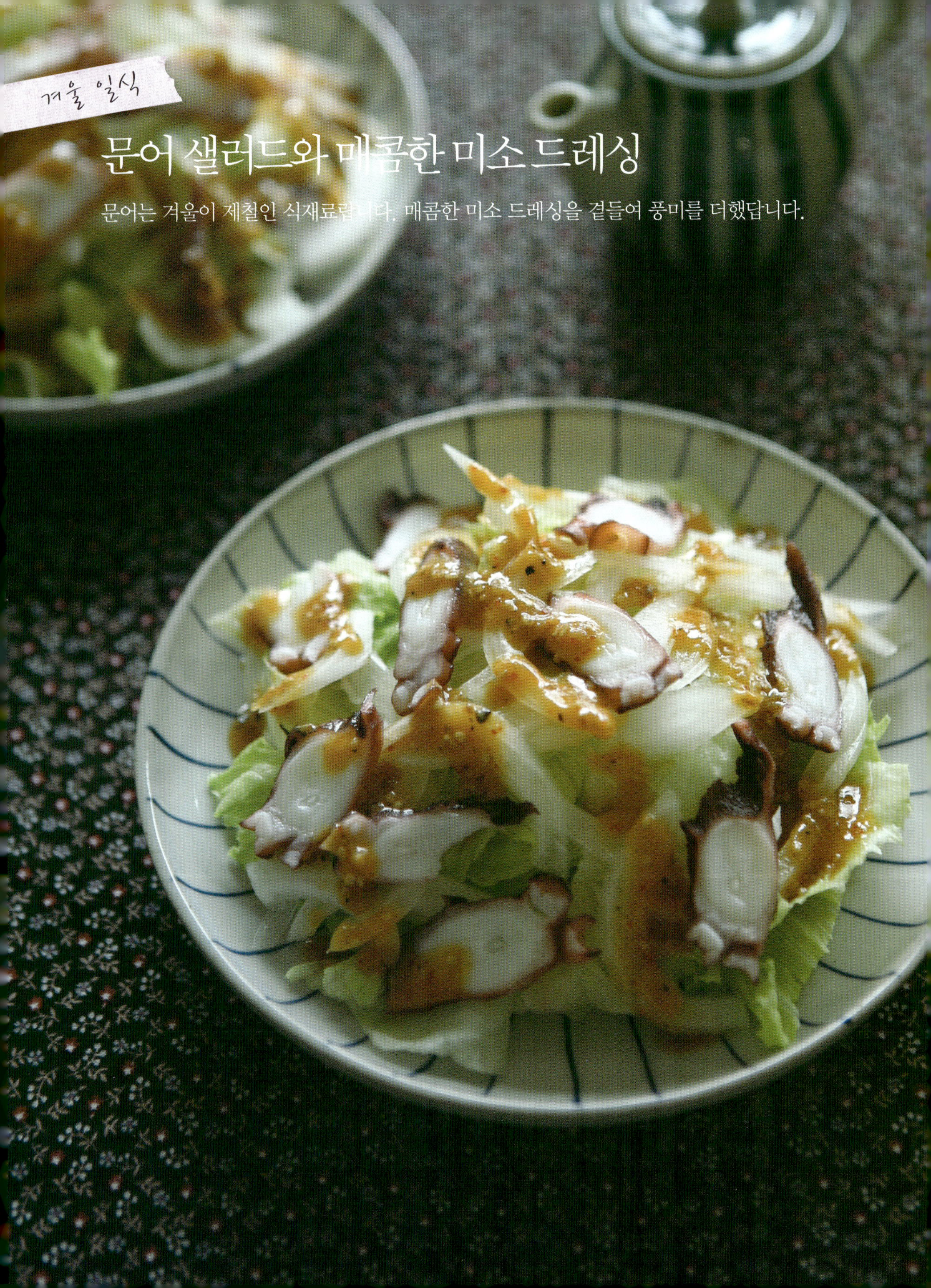

양상추	1통
자숙문어	200g
양파	½개

미소 드레싱

미소	1큰술 반
미림	1큰술
통깨	1큰술
매운 고운 고춧가루	½작은술
간장	1큰술
황설탕	2큰술
식초	1큰술
올리브오일	1큰술 반
가쓰오부시 육수	1큰술
후추	약간

1 제일 먼저 미소 드레싱을 만든 뒤 냉장고에 넣어 시원하게 준비해 놓는다.

2 양상추는 한입 크기로 잘라 깨끗한 물에 여러 번 씻는다. 다 씻은 후 얼음물에 담가 놓거나 물기를 제거하여 비닐 팩에 넣는다. 냉장 고에 2시간 정도 넣어 두어 시원하게 준비해 놓는다.

3 양파는 가늘게 채 썬다. 찬물에 5분 정도 담갔다가 물기를 제거해 준비해 놓는다.

4 자숙문어는 흐르는 물에 한 번 더 헹군 후 물기를 제거하고 얇게 포 뜨듯이 자른다.

5 접시에 양상추−양파−문어 순으로 올리고 미소 드레싱을 취향대로 뿌려서 완성한다.

- 일식이지만 매운 고춧가루를 넣어 매운맛을 낸 드레싱입니다. 매운맛이 부 담스럽다면 고춧가루만 빼서 미소 드레싱으로 만드셔도 좋아요.

- 문어는 유기농 매장에 가면 간편하게 자숙문어를 구매할 수 있어요. 냉동 이니까 해동해서 간편하게 요리하세요.

일본식 삼색 영양밥

어우러진 색감이나 담음새 때문에 손님초대 요리에 어울리는 메뉴랍니다. 가쓰오부시 육수로 맛
을 내 풍미를 더했습니다.

닭다리살	300g
고슬고슬한 밥	600g
잘게 썬 영양부추	3큰술
불린 톳	3큰술
지단용 달걀	2개
포도씨오일	약간

닭다리살과 톳 조림장

가쓰오부시 육수	1컵
간장	2큰술
황설탕	2큰술
청주	2큰술
다진 마늘	1큰술
다진 쪽파	2큰술
생강가루	1작은술

1 닭다리살은 물로 헹군 후 물기를 제거한다. 껍질을 잘라 내고 잘게 자른다.

2 마른 톳은 10g 정도만 준비한다. 물에 2시간 정도 충분히 불린다.

3 영양부추도 잘게 썬다.

4 달걀은 황백으로 나누지 말고 거품기로 풀어 주고 체에 한번 거른다. 소금 간을 한 후 지단으로 부쳐 곱게 썰어 준비한다.

5 팬에 포도씨오일을 두르고 자른 닭다리살을 넣고 볶는다. 닭 표면이 익으면 제시한 조림장을 넣고 센 불에서 졸인다.

6 조림장이 ⅓정도 졸여지면 닭다리살 반을 꺼낸다. 볼에 담고 팬에 불려 놓은 톳을 넣고 물기 없이 바짝 졸인다.

7 팬을 약하게 달군 후 밥 200g과 영양부추를 넣는다. 소금 간을 하면서 밥을 섞어 가며 살짝만 볶는다.

8 영양부추 볶음밥, 닭다리살 조림에 밥 200g을 넣고 비빈다. 닭다리살 톳 조림에도 밥 200g을 넣고 비벼서 세 종류의 밥을 만든다.

9 접시에 세 종류의 밥을 올린다. 달걀지단을 올려 완성한다.

  • 세 종류의 밥을 비벼 섞어도 좋고요, 한 가지씩 재료의 맛을 느끼며 드셔도 좋습니다.

  • 도시락으로 싸도 아주 인기가 좋은 삼색 영양밥이랍니다.

겨울 일식

튀긴 감자와 새우탕

우리가 즐겨 먹는 얼큰한 새우탕과는 다른 일본식 새우탕입니다. 가을철에는 토란을 넣어 끓여도 좋답니다.

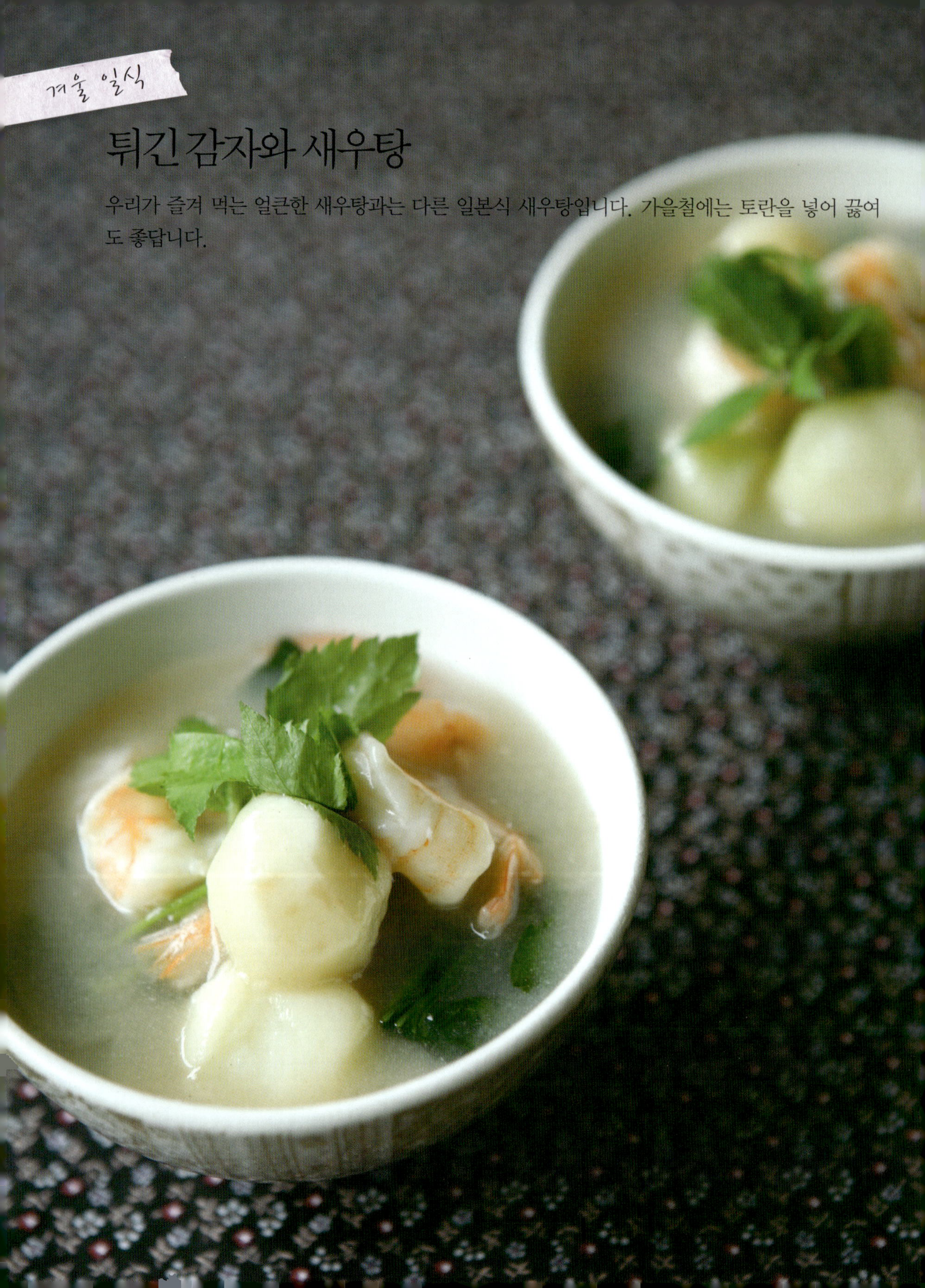

감자   4개(중간 크기)
새우   12마리
시금치   300g

소스
가쓰오부시 육수   6컵
미림   3큰술
참치액   3큰술
소금   약간
녹말물
　(녹말가루 5큰술 + 물 8큰술)

1 감자는 껍질을 벗기고 한입 크기로 돌려 깎기 한다. 소금을 살짝 넣은 물에 삶는다.

2 시금치는 소금 넣은 물에 살짝 데친다.

3 가쓰오부시 육수를 내어서 준비한다(22쪽 육수 내는 법 참고하세요).

4 새우는 머리와 껍질을 벗기고 내장을 빼서 준비한다.

5 냄비에 가쓰오부시 육수를 넣고 끓이다가 새우를 넣는다. 끓으면 녹말물을 넣고 걸쭉하게 농도를 맞춘다.

6 감자는 녹말을 묻힌 뒤 중온에서 겉이 노릇하게 될 정도로 바삭하게 튀긴다. 5의 새우탕에 넣은 다음 데쳐 놓은 시금치를 넣는다. 간을 맞춰 완성한다.

　• 처음부터 만들어 놓은 녹말물을 모두 넣지 말고 반 정도만 넣어 농도를 맞추어 주세요. 맑지 않고 살짝 주르륵 흐르는 농도라고 보시면 돼요.

　• 간을 각자의 입맛에 맞게 조절해서 맞추세요. 참치액으로 먼저 맞춘 뒤 모자라는 간은 소금으로 하세요.

　• 가을에는 토란을 넣고 끓여도 아주 맛있답니다.

전복 파래죽(4인분)

재료 ● ●

불린(3시간 이상) 찹쌀	1컵 반
파래	½타래(60g)
전복	4마리(중간 이하 크기)
참기름	4큰술
소금	약간
통깨	적당히
다시마물	6컵 이상 넉넉히

만들기 ● ●

1 찹쌀은 미리 3시간 정도 충분히 불린다. 체에 밭쳐 물기를 뺀다.

2 파래는 물에 담갔다 건져 낸다. 이물질은 제거하고 먹기 좋은 한입 크기로 자른 후 물기를 뺀다.

3 전복은 솔을 이용해 깨끗이 닦는다. 흐르는 물에 헹구고 껍질에서 분리한 다음 내장과 이빨을 제거하고 슬라이스 해준다.

4 두꺼운(통5~7중 정도) 냄비를 준비한다. 참기름을 좀 넉넉히 두르고 찹쌀을 넣고 볶는다. 찹쌀에 윤기가 돌 때까지 충분히 시간을 들여 볶는다.

5 슬라이스 해준 전복도 넣고 같이 볶는다.

6 다시마 우린 물을 100㎖씩 정도 부어 가며 볶는 것을 두 번 반복한다. 다시마 육수를 넉넉히(2.5배) 넣고 저어 가며 끓인다. 찹쌀이 거의 퍼져 익으면 파래를 넣고 살짝만 끓인다.

7 마지막에 소금 간을 한다. 통깨를 살짝 올리고 참기름을 1작은술 정도 뿌려 완성한다.

- 파래는 마지막에 넣어야 색이 변하지 않고 향도 살아 있어 더욱 맛이 좋아요.
- 전복내장은 파래의 색감을 살리기 위해 넣지 않았어요. 혹여 넣길 원하면 다시마 육수 100㎖에 내장을 넣고 미니믹서에 갈아서 찹쌀 끓일 때 넣고 끓이면 된답니다.

새우 해물냉채(1접시)

재료 ··

새우	15마리
오징어	1마리 몸통의 ½
당근	1/3개
오이	½개
무순	약간
양파	1/3개
달걀황백지단	4개

연겨자소스

연겨자	2/3큰술
식초	2큰술
설탕	1큰술 반
간장	1작은술
물	2큰술
통깨	1큰술
소금	1/3작은술
참기름 1큰술(기호에 맞게 조절)	

* 겨자소스는 미리 만들어 냉장고에 넣어 숙성시킨다(최소한 2시간 이상).

만들기 ··

1 새우는 머리를 떼고 이쑤시개로 내장을 제거한다. 레몬즙 짜 넣은 물(또는 청주)에 3분 정도 데친다. 껍질을 까고 반으로 저며 썰어서 갈라 놓는다.
   • 통으로 한 마리를 다 넣으면 입안에서 새우 맛이 너무 지나치게 느껴져 부담스럽답니다.

2 채소들은 모두 아주 가늘게 채 친다. 지단도 황백으로 나누어 부친다. 달걀에 소금 간을 꼭 한다.

3 황백지단이 식으면 동그랗게 말아서 채소처럼 가늘게 썰어 준비한다.

4 오징어도 칼집을 넣은 뒤 먹기 좋은 크기와 길이로 썰어서 끓는 물에 레몬즙을 2큰술 정도 넣고 살짝만 데친다.

5 접시에 동그랗게 원을 그리며 새우를 담는다. 그 위로 오이 – 양파 – 당근 – 달걀지단백색 – 달걀지단황색 – 무순 테두리로 오징어를 돌려 담는다.

6 마지막에 겨자소스를 뿌려 완성한다.

더덕 삼겹살 마늘종 튀김

재료 · ·

대패 삼겹살	10장
마늘종	6줄기
더덕	2뿌리
소금	약간
후춧가루	약간

튀김옷

밀가루	1컵
달걀	2개
빵가루	넉넉히
튀김용	기름

땅콩겨자소스

간장	3큰술
설탕	3큰술
미림	2큰술
땅콩버터	2큰술
식초	1큰술
물	2큰술
연겨자	2작은술

만들기 · ·

1 마늘종은 물에 씻은 뒤 물기를 닦은 후 5cm 길이로 썬다. 더덕은 껍질을 깐 뒤 방망이로 살짝 두들겨 갈라서 준비한다.

2 삼겹살엔 소금과 후추를 뿌려 밑간을 한다.

3 삼겹살에 마늘종과 더덕을 올리고 밑으로 살짝 내려가며 돌돌 만다.

4 밀가루를 살짝 묻힌 뒤 달걀물−빵가루 순으로 묻힌다.

5 팬에 튀김용 기름을 살짝 넉넉하게 준비한 다음 돌려 가며 튀긴다.

6 먹기 좋은 크기로 잘라 접시에 담는다.

매운 소갈비찜(4인분)

재료 ● ●

소갈비찜용	1.5kg
당근(큰 크기)	2개
(동글동글 밤 모양으로 준비)	
가래떡	1줄
고기 삶을 때 들어가는 향신	
채–대파(흰 부분)	1대
생강	한 토막
마늘	5~8개
양파	1개
통후추	1큰술
청주	4큰술
소금	1작은술
정수물	2.5ℓ

매운 양념

매운(청양) 고춧가루	6큰술
고추장	5큰술
미림	4큰술
간장	2큰술
황설탕	2큰술
올리고당	5큰술
생강가루	1큰술 듬뿍
다진 마늘	3큰술
다진 파	3큰술
참기름	3큰술
청주	2큰술

따로 준비

고기 삶아 낸 물	
	3컵(600㎖) 넉넉히

만들기 ● ●

1 갈비는 꼭! 꼭! 핏물을 빼야 한다.
- 기본 6시간~12시간 정도 필요하고요, 중간 중간 물을 갈아주어야 합니다.
- 냉동갈비일 경우엔 해동을 해서 핏물을 빼야 합니다.
- 여름엔 냉장고 안에서 핏물을 빼 주세요.

2 그다음 냄비에 물을 담고 팔팔 끓으면 핏물 뺀 갈비를 넣는다. 물이 끓기 시작해서부터 약 10분 정도 삶은 다음 찬물에 갈비 하나하나를 깔끔하게 씻어서 물기를 뺀다.

3 냄비도 씻은 뒤 고기를 담는다. 고기가 살짝 잠길 정도로 물을 받는다. 향신채를 넣고 약 40분~1시간 정도 푹 삶는다.
- 육수가 600㎖ 정도 나오게 삶아 주세요.

4 삶은 갈비를 건진 뒤 체에 베나 면 보자기를 올린다. 국물을 부어 맑은 육수만 받는다.

5 매운 양념을 만든다.

6 삶은 고기에 양념을 붓고 당근도 넣는다. 갈비 육수를 부은 다음 양념이 윤기가 돌 정도로 자작하게 졸여 완성한다.
- 말캉한 가래떡은 나중에 넣어 졸여야 하고요, 살짝 딱딱한 가래떡은 첨부터 같이 넣고 졸이면 좋습니다.

감자 미역국

재료 ••

자연산 미역	60g
멸치 육수	12컵(2.4ℓ)
감자	2개
들기름	4큰술(넉넉히)
다진 마늘	2큰술
어간장	2큰술
후추	약간
모자라는 간은 소금으로	

만들기 ••

1 미역은 물에 충분히 불린다. 손으로 바락바락 문질러 가며 씻은 뒤 한 입 크기로 잘라서 준비한다.

2 두께감이 있는 냄비를 준비한 다음 들기름을 넉넉히 두른다. 다진 마늘을 먼저 넣고 볶다가 기름이 자글자글 끓으면 미역을 넣는다. 어간장을 두르고 후추도 넣어 미역을 달달 볶는다. 약 2분 정도 충분히 볶는다.

3 미역이 맛있는 냄새가 나면서 볶아지면 멸치 육수를 붓는다. 센 불에서 약 20분 끓인다.

4 감자는 한입보다 작은 크기로 깍둑썰기를 해 준비한다.

5 미역국이 끓으면 감자를 넣는다. 중불에서 20분 정도 더 끓인다.

6 간을 보고 모자라는 간은 소금으로 한다.

- 멸치 육수는 멸치를 한 줌 정도 넣고 냄비에서 달달 볶다가 물 3ℓ를 넣고 약 20분 정도 충분히 끓인 뒤 멸치는 체에 걸러 육수만 받아 놓습니다.
- 간이 진하면 그냥 정수물을 넣어 간을 심심하게 맞추세요.
- 미역국은 만든 뒤 바로 먹는 것보다 반나절 정도 숙성시킨 뒤 다시 데워 먹어야 더욱 맛있답니다.

요아마미 쿠킹클래스
요리 레시피